글 마티아 크리벨리니 · 그림 아그네세 바루치

놀면서 즐겁게 배우는 수학?
할 수 있습니다. 반드시 해야 합니다!

아이들이 수학을 꾸준히 공부하려면, 어릴 때부터 즐겁게, 그리고 쉽게 배워야 합니다. 즐거움은 학습의 강력한 동기가 되며, 높은 성취감을 심어 주기 때문입니다. 하지만 막상 수학을 어떻게 재미있게 가르쳐야 할지 엄두가 나지 않지요. 그런 고민이 있는 부모님들을 위해, 즐겁게 수학을 배울 수 있는, 미치도록 재미있는 수학 교재 〈수빠맨〉을 준비했습니다.

수학에 빠진 전 세계 아이들이 맨 처음 선택한 기초 교재, 〈수빠맨〉은 재미있고 흥미진진한 이야기를 초등 수학의 네 가지 학습 영역으로 구성하여, 다채로운 수학 문제 풀이 활동을 할 수 있도록 했습니다. 여러 가지 수학 놀이 활동을 하는 동안, 초등 수학 전 과정에 걸쳐 핵심 개념을 습득할 수 있습니다.

이 책은 단원마다 짧은 이야기에서부터 시작합니다. 기발하면서도 재미난 상상이 가득한 이야기를 읽고 이야기와 긴밀하게 이어져 있는 수학 문제를 풀어 나가면서 수학 독해력을 기르는 훈련을 하게 되지요. 더 나아가 생활과 수학이 밀접하게 연관되어 있다는 것을 체득하며 수학에 대한 호기심과 흥미가 자연스럽게 생길 것입니다.

〈수빠맨〉은 수학 개념을 무작정 외우는 대신, 아이들 스스로 수학 개념을 익힐 수 있도록 설계했습니다. 책에 있는 여러 수학 활동들을 아이들 '스스로' 할 수 있도록 도와주세요. 스스로 문제를 해결해 가면서 수학에 대한 자신감을 기를 수 있을 테니까요.

•기다려 주세요!

　아이가 문제를 풀 때까지 시간이 오래 걸릴 수 있습니다. 또 책을 다 풀지 않고 중간에 덮어 버리거나, 어떤 문제는 건너뛸 수도 있습니다. 그것만으로 수학을 포기했다고 단정하지 마세요. 그저 아이를 믿고 기다려 주세요.

•답을 알려 주는 대신, 질문을 하세요!

　아이들이 어떻게 풀어야 하는지, 답이 무엇인지 모르겠다고 했을 때 바로 답을 알려 주지 마세요. 대신 질문을 통해 아이들을 정답으로 유도해 주세요. 문제를 다시 잘 읽어 보도록 독려하거나, 막힌 부분이 무엇인지 물어보고 아이 스스로 답을 찾아 나갈 수 있도록 도와주세요.

•수학 문제 해결의 첫 단계는 이해라는 점을 잊지 마세요!

　수학 공부를 막 접하는 초등 저학년일수록 문제만 읽고 무턱대고 계산하거나 문제 푸는 공식만 외지 않도록 주의해야 합니다. 대신 한 문제를 풀더라도 아이가 문제를 제대로 이해할 수 있도록 시간을 충분히 주세요. 또한 아이들이 수학 문제의 답을 잘 맞히는 것보다, 문제를 어떻게 풀었는지 설명하는 것을 습관화할 수 있게 도와주세요. 어떤 풀이 과정을 거쳐 답을 구했는지 아는 것이 가장 중요합니다.

•생활에서 수학을 찾아보세요!

　아이들이 생활 속에서 수를 발견하도록 도와주세요. 여러 활동을 하는 동안 수학이 언제, 어떻게 쓰이는지 물어보고 이야기해 주세요. 이 책을 읽고 난 뒤에는 생활에서 수학이 어떻게 적용되고 실현되는지 아이와 함께 찾아보세요.

초등학생을 위한 최고의 수학 학습서 <수빠맨>

  우리가 늘 해 온, 익숙한 수학 공부는 어떤 형태일까요? 여러 가지 수학적 개념과 공식을 외우고 이해하는 것, 그리고 그 이해를 바탕으로 이런저런 문제를 푸는 것을 떠올릴 수 있습니다. 하지만 초등학생에게 그와 같은 학습 방법을 그대로 적용하는 게 반드시 옳지는 않습니다. 그러한 정통의 수학 학습법은 조금 나중에 한다고 하더라도 늦지 않습니다. 수학을 이제 막 시작하는 초등학생은 수학과 친숙해지는 방식으로 공부하는 것이 훨씬 더 중요합니다.

  시중에는 연산 훈련을 하는 교재나 부모님과 아이가 함께 공부할 수 있는 수학 교재가 많이 있습니다. 처음 출판사에서 초등학생을 대상으로 수학책을 펴낸다고 들었을 때 기존에 있는 다른 책들과 무엇이 다를까 궁금했습니다. 그리고 이 책을 살펴보고 나니 확신할 수 있었습니다. <수빠맨>은 아주 특별한 책이라는 것을 말입니다. 이 책은 조금만 살펴보아도 어떻게 전 세계 어린이들의 마음을 사로잡았는지 알 수 있습니다. 아이들의 시선을 끄는 캐릭터와 함께 다양한 환경에서 일어나는 재미있는 이야기들로 가득 차 있는 책이거든요.

  <수빠맨>은 평범하고 시시한 수학 학습서가 아닙니다. 등장하는 캐릭터와 이들이 끌어가는 이야기가 재미있기도 하지만 무엇보다도 수학적인 내용이 알찹니다. 수와 연산, 도형과 측정, 규칙과 추론 등 초등학교 수학 교육 과정에 등장하는 필수적인 내용이 충실하게 담겨 있습니다. 아이들은 이 책을 펼쳐 여러 가지 수학 활동을 하는 동안 자연스러운 사고 흐름에 따라 마치 게임을 하듯 공부할 수 있습니다. 높은 수준의 집중력을 발휘하지 않더라도 퀴즈를 풀고, 도형과 전개도를 오리고, 스티커를 붙이면서 수학적 개념을 이해하고 문제를 해결할 수 있도록 구성되어 있습니다.

이 책은 단원마다 짧은 이야기에서부터 시작합니다. 기발하면서도 재미난 상상이 가득한 이야기를 읽고 이야기와 긴밀하게 이어진 수학 문제를 풀어 나가면서 수학 독해력을 기르는 훈련을 할 수 있습니다. 여러 가지 이야기들을 통해 수학이 생활과 밀접하게 연관되어 있다는 것을 체득하며 수학에 호기심과 흥미가 자연스럽게 생길 수 있도록 돕습니다.

초등학교 때에는 수학을 꼭 남들보다 더 잘할 필요는 없습니다. 수학과 친해지고 수학에 대한 자신감을 가지는 것이 수학 문제를 잘 푸는 것보다 더 중요합니다. 학습 진도를 정규 과정보다 많이 앞서 나가지 않아도 됩니다. 호기심과 집중력을 가지고 공부하기만 하면 수학은 아주 재미있는 공부라는 것, 열심히 하면 나도 수학을 잘할 수 있다는 것을 느끼게 해 주면 됩니다. 수학에 흥미와 자신감이 있으면 때때로 너무 어려운 문제가 나오더라도 쉽게 포기하지 않고 문제를 스스로 해결하기 위해 부딪히고 애쓸 힘이 생깁니다.

그런 의미에서 〈수빠맨〉은 초등학생들을 위한 최고의 수학 학습서 중 하나라고 확신합니다. 아이 스스로, 또는 부모와 함께 〈수빠맨〉으로 재미있게 수학 공부를 하다 보면 저절로 수학과 친해질 것입니다.

송용진
(수학자, 인하대학교 명예 교수)

한국을 대표하는 위상수학자입니다. 서울대학교 수학과를 졸업하고 미국 오하이오주립대에서 박사학위를 받았습니다. 오랫동안 영재교육과 수학올림피아드에 대한 일을 해 왔으며 지금은 국제수학올림피아드 선출직 위원(IMO BOARD MEMBER)으로 활동하고 있습니다. 쓴 책으로 《수학은 우주로 흐른다》, 《영재의 법칙》, 《수학자가 들려주는 진짜 논리 이야기》 등이 있습니다.

도형 · 공간

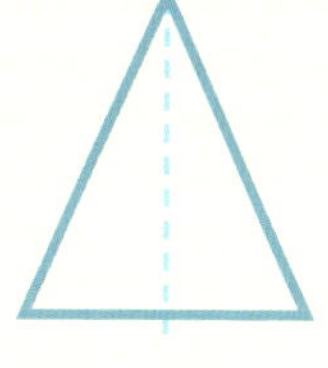

우리 주변에서 볼 수 있는 다양한 형태에서
공통된 모양을 찾아 그린 것이 도형이에요.
도형은 점, 선, 면으로 이루어져 있어요.
이번 학습에서는 도형을 이루는 선과 각에 대해 알아볼 거예요.
평면도형의 변과 꼭짓점이 몇 개인지 헤아리면서
도형의 특징을 알 수 있어요.
정다면체를 직접 만들어 보고 도형 넓이를 구해 보는 한편,
도형을 여러 가지 방법으로 이동하면서
공간의 기초 개념까지 익혀 봐요.

별똥별의 초대

>32Jj pH 3pK<6N/ ?O9| z=@ I9pP8p@=A G9C<>@M/ pN :2U3 2G/| z3 =z7:Ji ?J76 z p>B"+ vp2}#Tu pH+pK ? @D i4C3 2H?

… 번역기가 작동되었어요!

안녕, 친구! 만나서 반가워.
나는 우주 탐험가 CX10-742Y라고 해.
편하게 키하라고 불러 줘.

키하는 우주 탐험가로서, 우주에 대한 새로운 지식을 알아내는 일을 하고 있습니다. 키하와 함께 우주 탐험을 떠나 보아요. 이제껏 보지 못한 새로운 세계를 만날 수 있을 거예요. 그전에 잠깐! 우리는 우주 탐험가를 위한 〈기하학 설명서〉를 먼저 이해해야 해요. 혹시 별자리를 관찰한 적 있나요? 지구에서 별을 관측하는 위치가 북반구인지, 남반구인지에 따라 밤하늘은 다르게 보입니다. 다른 행성에서도 마찬가지예요. 기하학적인 우주를 바라보는 탐험가의 시선으로 별자리를 관측해 봅시다. 준비됐나요? 출발!

지구에서 볼 수 있는 별자리 중 세 개를 골라 봤어요.

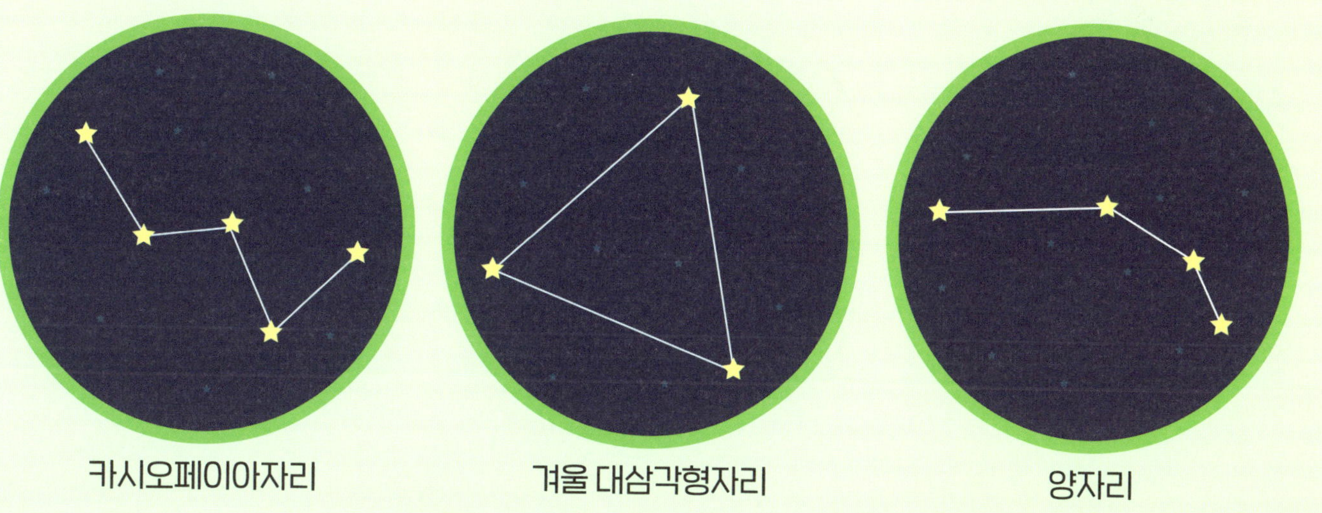

카시오페이아자리 겨울 대삼각형자리 양자리

더 자세히 보니, 별자리는 서로 다른 선들이 한데 모여 있다는 것을 알 수 있습니다.

- 여러 선들이 이어진 선을 '꺾인 선'이라고 합니다.
- 시작하는 점과 끝나는 점이 만나면 '닫힌 꺾인 선'이라고 합니다.
- 시작하는 점과 끝나는 점이 만나지 않으면 '열린 꺾인 선'이라고 합니다.
- 꺾인 선이 서로 교차하면 '만난다'고 합니다.

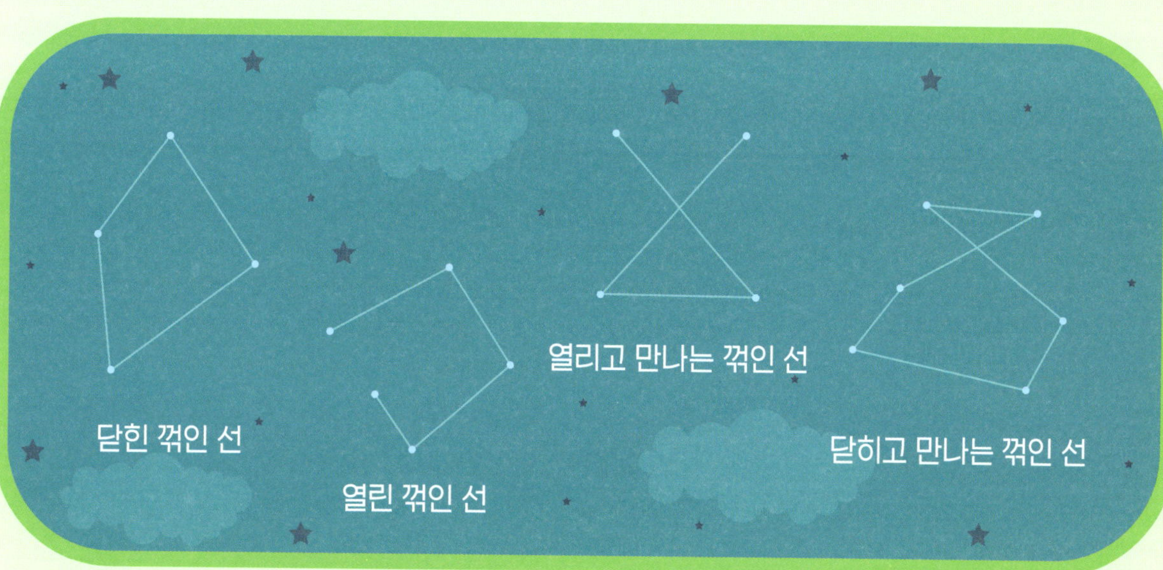

별자리를 분류해 볼까?

여기 별자리들이 더 있어요. 사용된 선이 닫힌 꺾인 선인지, 열린 꺾인 선인지,
열리고 만나는 꺾인 선인지, 닫히고 만나는 꺾인 선인지 써 보세요.

개념 확인

• 두 점을 이은 곧은 선을 선분이라고 합니다.
ㄱ ──────────────── ㄴ   선분 ㄱㄴ 또는 선분 ㄴㄱ

• 선분을 양쪽으로 끝없이 늘인 곧은 선을 직선이라고 합니다.
ㄱ ──────────────── ㄴ   직선 ㄱㄴ 또는 직선 ㄴㄱ

• 한 점에서 시작하여 한쪽으로 끝없이 늘인 곧은 선을 반직선이라고 합니다.
ㄱ ──────────────── ㄴ   반직선 ㄱㄴ

별자리의 각을 재어 보자!

별자리에 선분만 있는 건 아니에요.
우리는 별자리의 중요한 다른 모습도 찾아보려고 해요.
바로 별자리의 변과 각에 대해서 말이에요.
한 점에서 그은 두 반직선으로 이루어진 도형을 **각**이라고 해요.

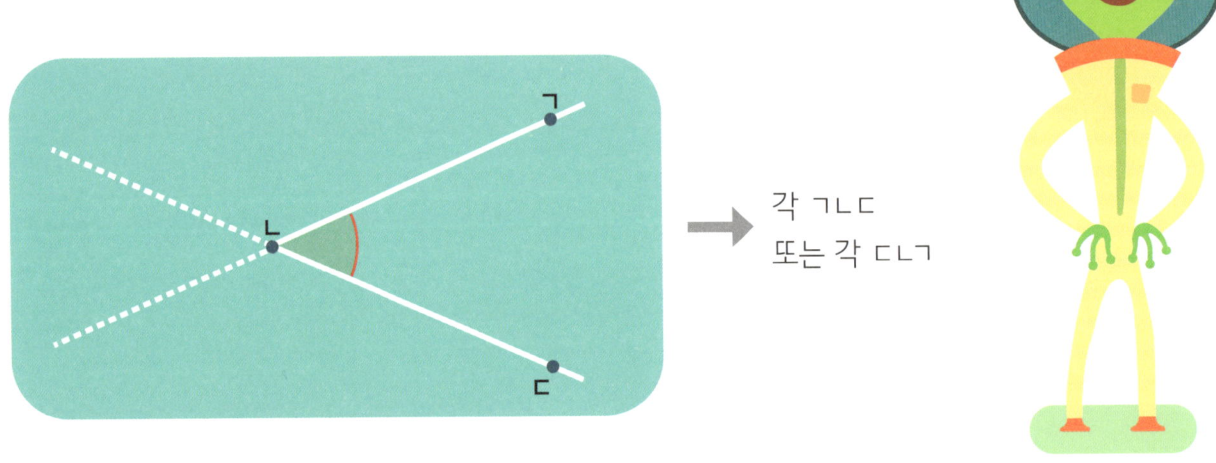

각을 분류하는 여러 가지 기준이 있어요.
각의 크기가 90도인 각을 **직각**이라고 합니다.
그리고 90도보다 작으면 **예각**, 90도보다 크고 180도보다 작으면 **둔각**이라고 불러요.

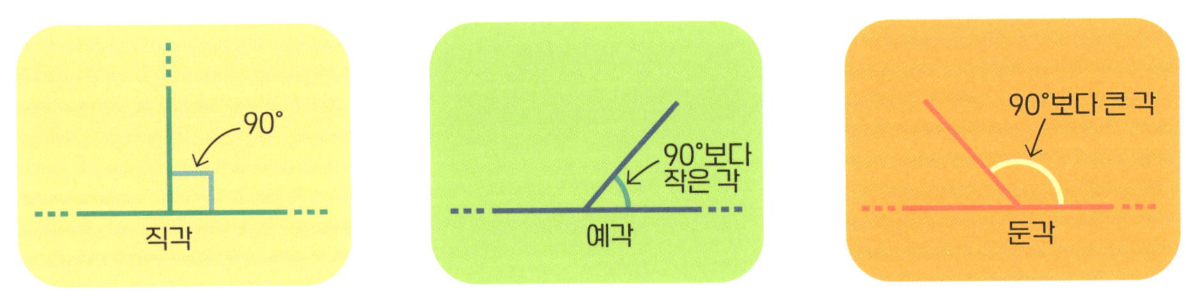

각의 크기를 **각도**라고 해요.
직각을 똑같이 90으로 나눈 것 중 하나를
1도라 하고, 1°라고 쓴답니다.
각을 잴 때는 각도기라는 도구를 사용해요.

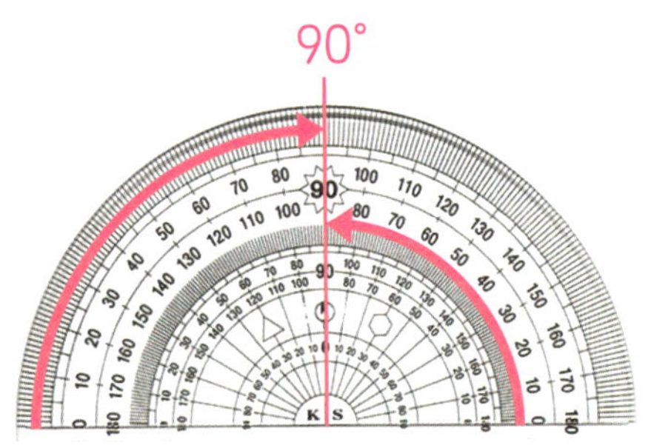

안에 직각, 예각, 둔각을 알맞게 써넣으세요.

다각형 마을로!

이제 첫 개척지인 다각형 마을로 갑시다!

지금 여러분 주변을 한번 둘러보세요.

우리 주변에 있는 많은 것들이 다각형이랍니다.

하늘엔 삼각형, 사각형, 오각형, 그리고 육각형 모양의 별들도 있어요.

바닥에서 천장까지, 여러분의 침대부터 집의 모양까지 모두 다각형이에요.

다각형은 늘 여러분 옆에 있어요.

지금 이 방 안에도, 산책할 때도, TV를 볼 때도 말이에요.

기하와 도형을 배우면, 우리가 사는 세상이 수학의 아름다움으로 가득 차 있다는 걸 알게 될 거예요.

우주 탐험가를 위한 〈기하학 설명서〉에 있는 퀴즈를 풀기 위해 다각형에 대해 알아볼까요?
다각형은 세 개 이상의 선분으로 둘러싸인 평면도형이에요.
그중에서도 **정다각형**은 변의 길이가 모두 같고, 각의 크기도 모두 같은 다각형이에요.
아래 도형을 보고 다각형은 초록색을 칠하고, 다각형이 아닌 것은 빨간색을 칠하세요.

정다각형 알아보기

정다각형의 변과 각의 수를 세어 각각 써 보세요. 또 책 뒤에서 변과 각의 수가 정다각형과 같은
다각형 모양을 찾아 그 옆에 붙여 주세요.

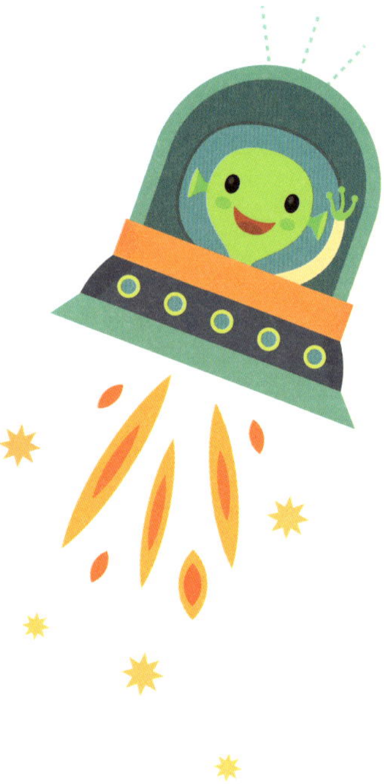

<예시>

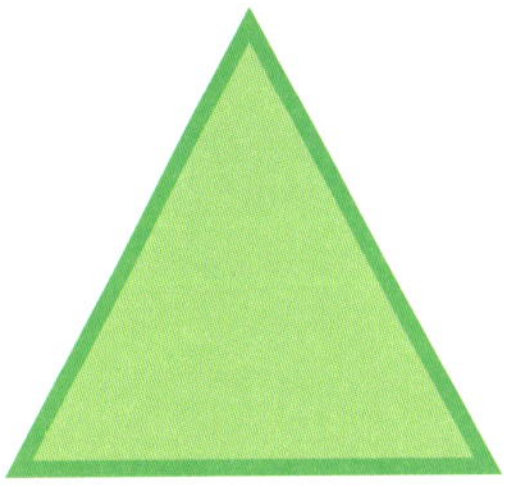

변의 수:
각의 수:

변의 수:
각의 수:

알맞은
다각형을
붙이세요.

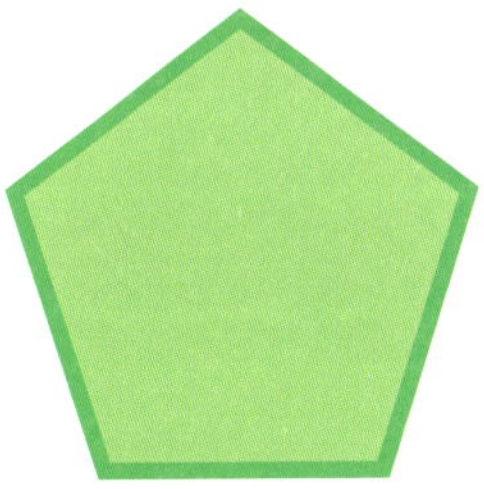

변의 수:
각의 수:

알맞은
다각형을
붙이세요.

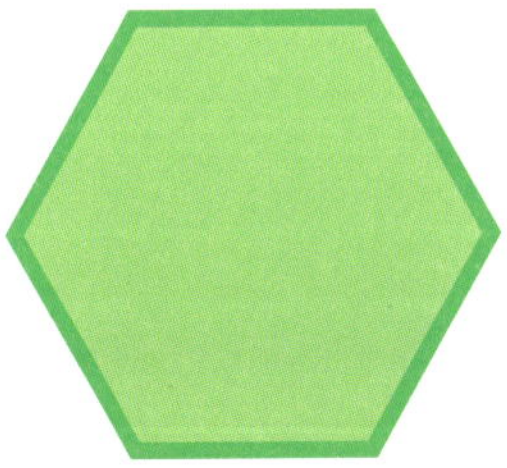

변의 수:
각의 수:

알맞은
다각형을
붙이세요.

이번엔 반대로 해 볼 거예요.
아래 있는 도형들은 다각형이에요. 변의 수와 각의 수를 세어 각각 써 보고
책 뒤에서 변과 각의 수가 다각형과 같은 정다각형 모양을 찾아 그 옆에
붙여 주세요.

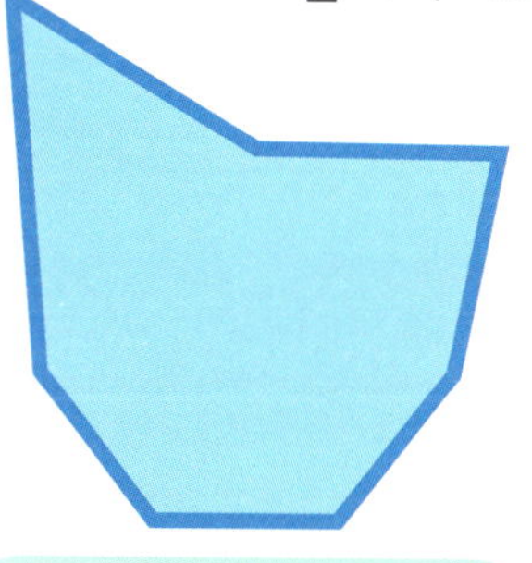

변의 수:
각의 수:

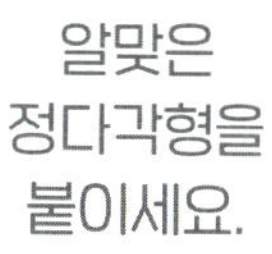

알맞은
정다각형을
붙이세요.

변의 수:
각의 수:

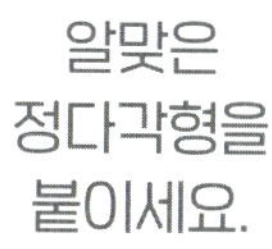

알맞은
정다각형을
붙이세요.

변의 수:
각의 수:

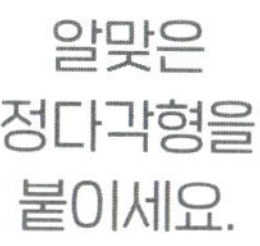

알맞은
정다각형을
붙이세요.

변의 수:
각의 수:

알맞은
정다각형을
붙이세요.

별자리 넓이 계산하기

이제 이 키하와 함께 새로운 별로 떠나 새로운 세상을 여행할 시간이에요.
아래는 시리우스 별에서 볼 수 있는 하늘의 모습이에요. 그런데 독특한 별자리가 있네요.
본부에 이 사진을 보내서 각각의 넓이를 계산해 달라고 해야겠어요.

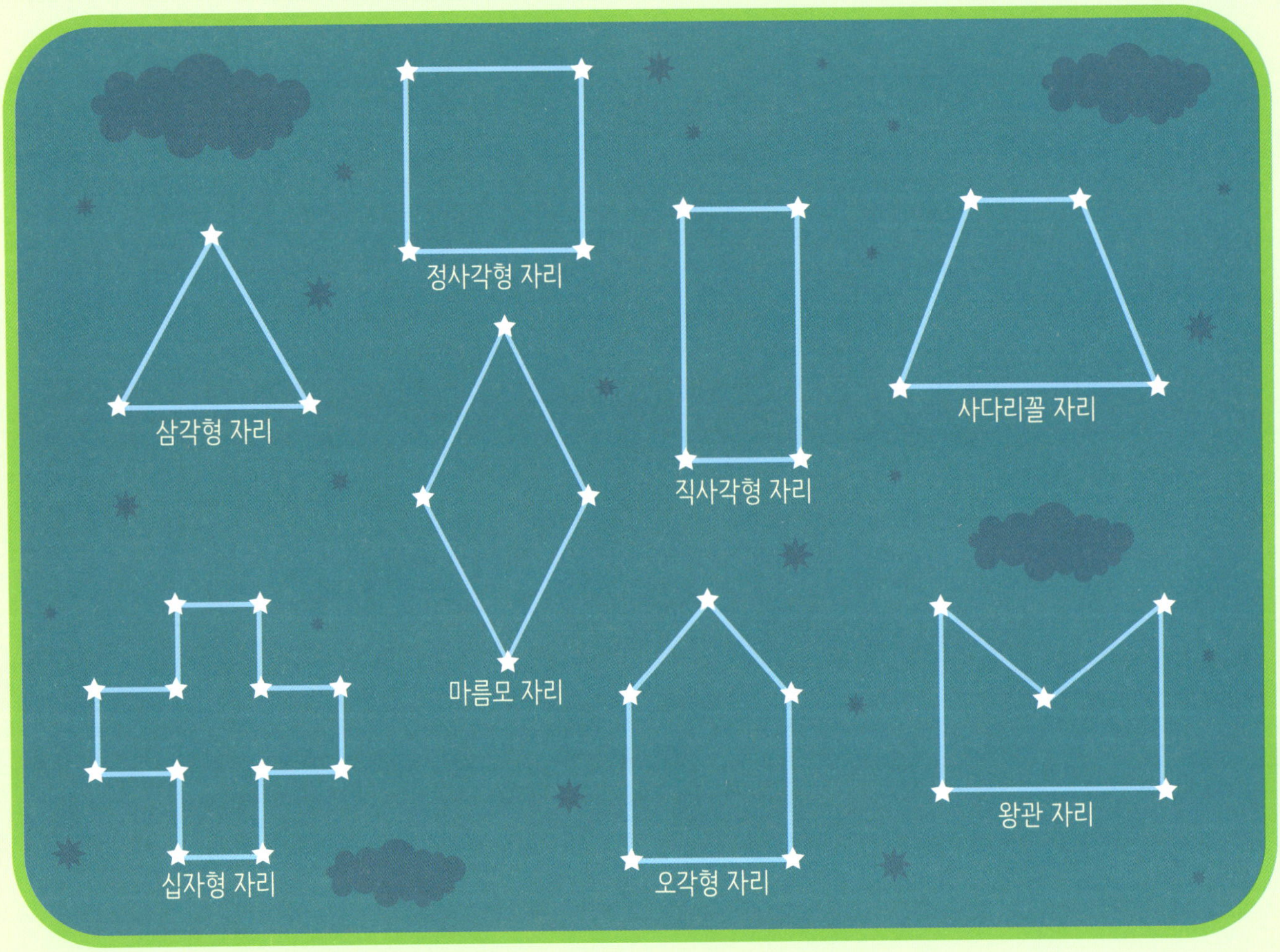

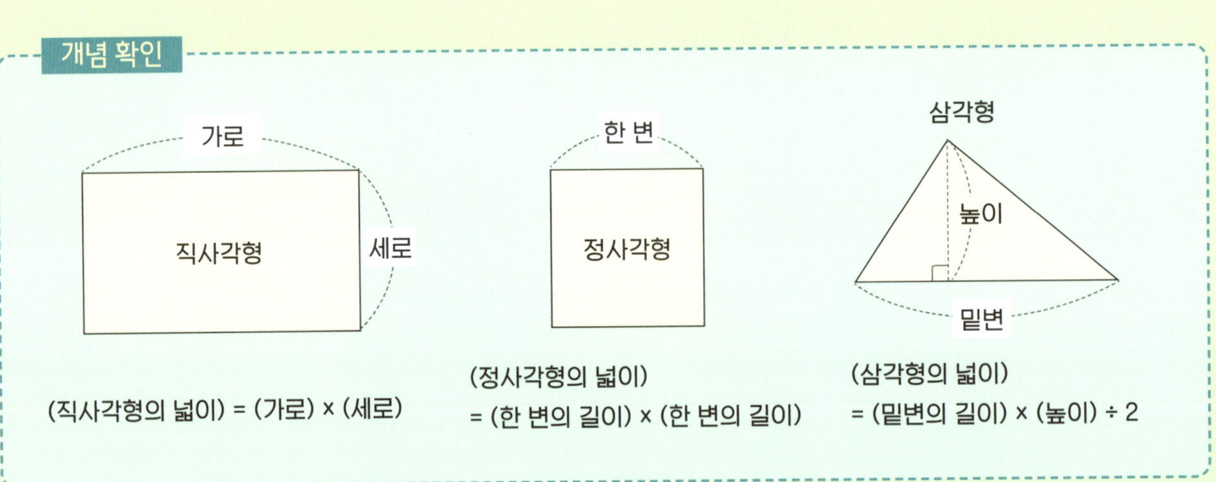

개념 확인

(직사각형의 넓이) = (가로) × (세로)

(정사각형의 넓이)
= (한 변의 길이) × (한 변의 길이)

(삼각형의 넓이)
= (밑변의 길이) × (높이) ÷ 2

여러분은 별자리의 넓이를 구해 주세요.
시리우스 별의 하늘을 모눈으로 나누고 다각형 별 안에 있는
모눈의 수를 계산하면 돼요. 모눈 한 칸의 넓이는 1cm²예요.
다각형 별의 넓이를 계산해 보세요.

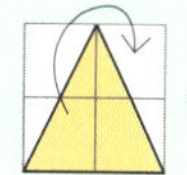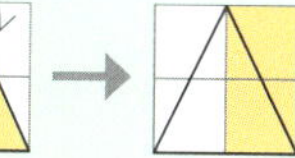

오른쪽 시리우스 로봇의 넓이를 계산해 보아요.
시리우스 로봇의 몸을 여러 다각형으로 나누어
각 다각형의 넓이를 구하고 그 넓이를 모두 더하
면 돼요.

미로의 은하계

아주 멀리 두 개의 은하계가 있어요. 하나는 미궁이고, 하나는 미로로 불려요.
미궁과 미로는 이름이 비슷하지만, 완전히 달라요!
미궁은 중심으로 가는 길이 중간에 갈라지지 않고 하나로 연결되어 있어요.
그냥 길을 따라 차근차근 가면 도착지에 도달할 수 있지요. 다만 오래 걸릴 수는 있어요.
그런데 미로는 도착지로 가는 길이 여러 갈래로 나뉘어 있어요. 중간에 막다른 길을 만날 수도, 갈림길을 만날 수도, 심지어 함정을 만날 수도 있지요.
어쩌면 길을 잃고 빠져나오지 못할 수도 있어요.
다음에 미궁과 미로 그림이 있습니다. 가운데 주황색 점을 찾아가 보세요.

미궁

이상한 정다면체 태양계

우리는 꽤 이상한 은하에 도착했어요.
이 은하의 행성들 모양이 제각각인 데다, 하나같이 정다면체예요.
정다면체는 모양과 크기가 같은 정다각형으로 만들어진
입체도형입니다.

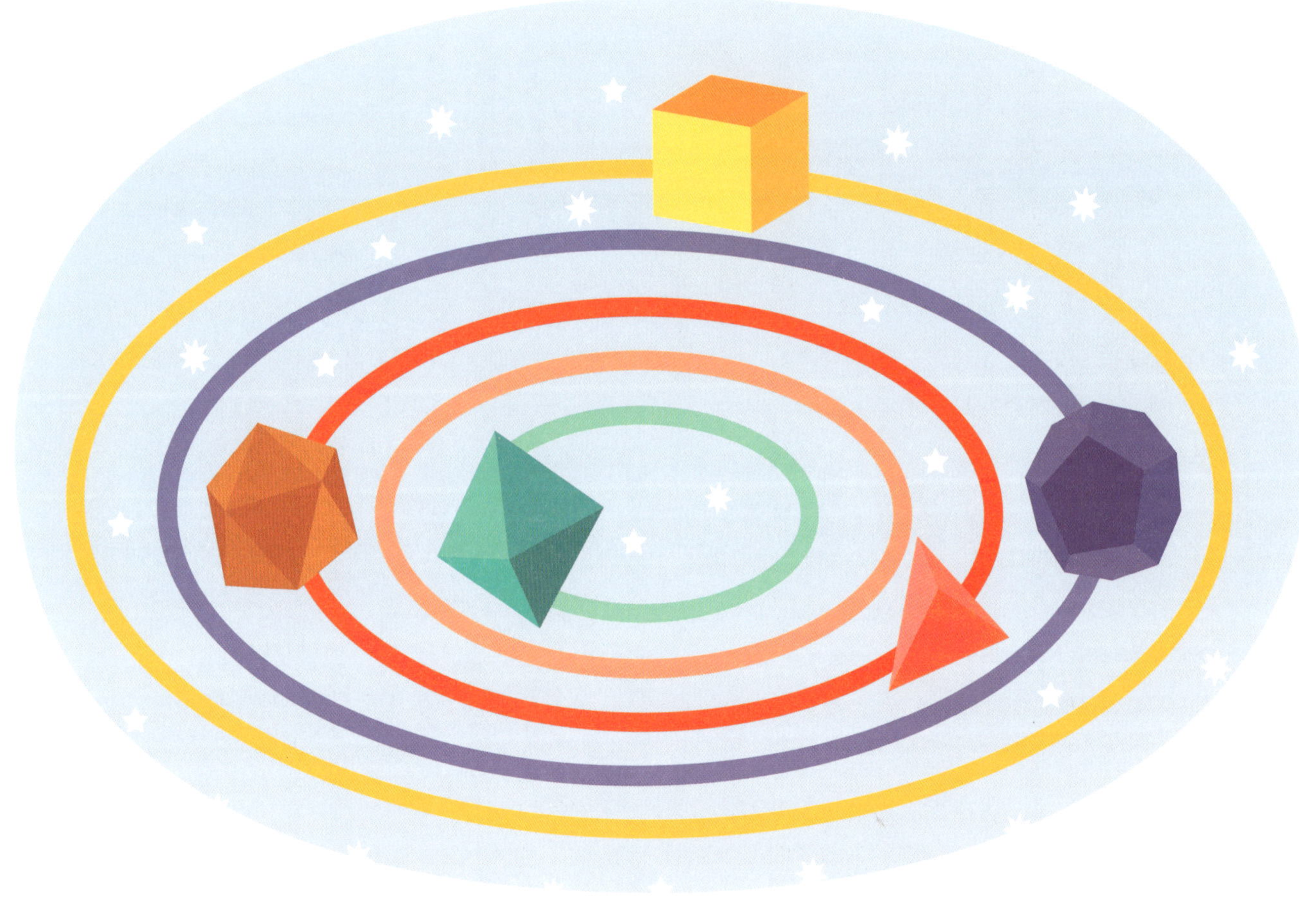

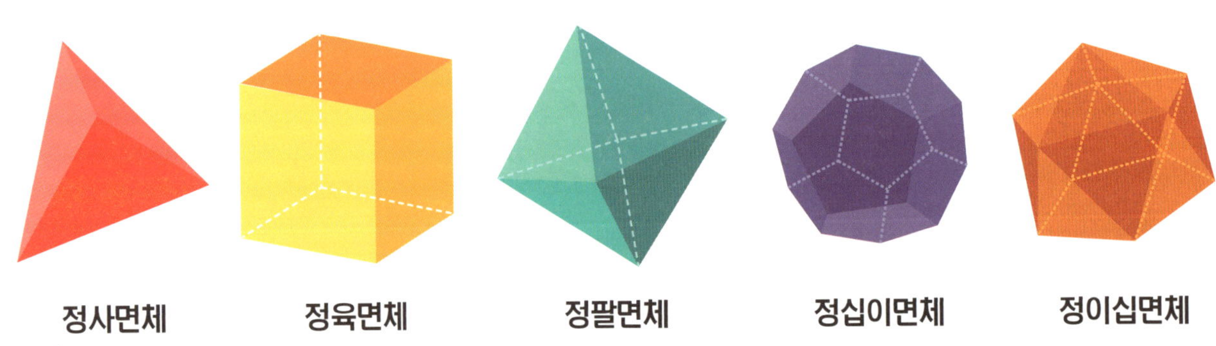

오일러의 정리에 대해 배워 봐요.

다면체에서 면의 수에 꼭짓점의 수를 더한 후 모서리의 수를 빼면 항상 2가 된다는 거예요. 식으로 정리하면 다음과 같아요.

$$(면의 수)+(꼭짓점의 수)-(모서리의 수)=2$$

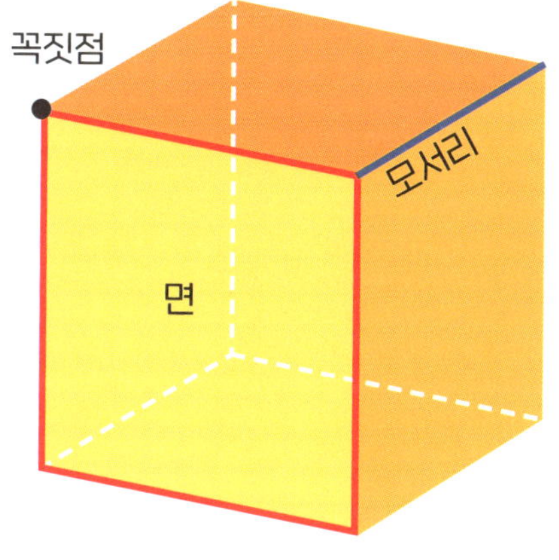

보기 **정육면체**

면의 수: 6
꼭짓점의 수: 8
모서리의 수: 12

→ 오일러의 정리 : 6+8-12=2

다음 정다면체 행성들의 면, 꼭짓점, 모서리의 수를 오일러의 정리로 계산해 보세요.

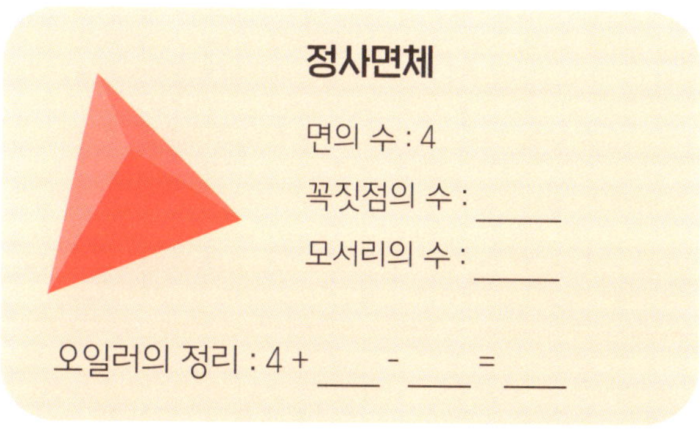

정사면체

면의 수 : 4
꼭짓점의 수 : _____
모서리의 수 : _____

오일러의 정리 : 4 + ___ - ___ = ___

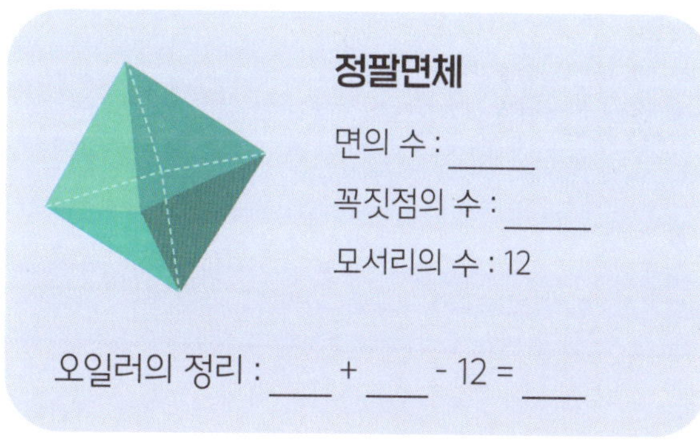

정팔면체

면의 수 : _____
꼭짓점의 수 : _____
모서리의 수 : 12

오일러의 정리 : ___ + ___ - 12 = ___

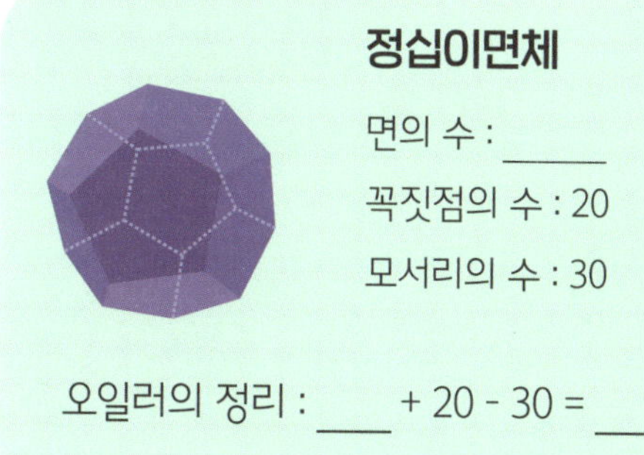

정십이면체

면의 수 : _____
꼭짓점의 수 : 20
모서리의 수 : 30

오일러의 정리 : ___ + 20 - 30 = ___

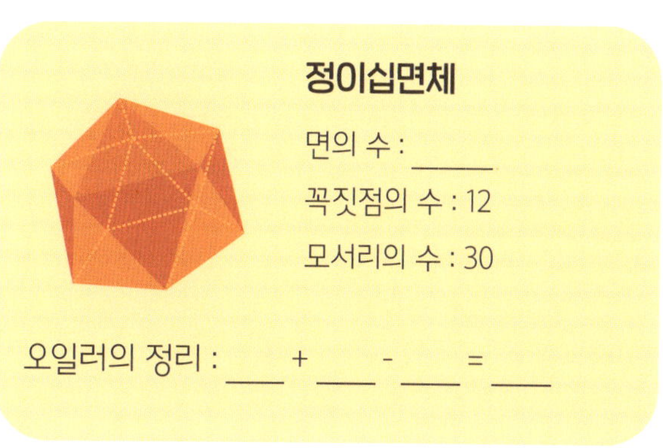

정이십면체

면의 수 : _____
꼭짓점의 수 : 12
모서리의 수 : 30

오일러의 정리 : ___ + ___ - ___ = ___

정다면체 태양계 만들기

여러분도 행성을 만들어 보고 싶지 않나요? 이 키하 님이 도와줄 테니
정다면체 태양계의 행성 2개를 만들어 보세요.

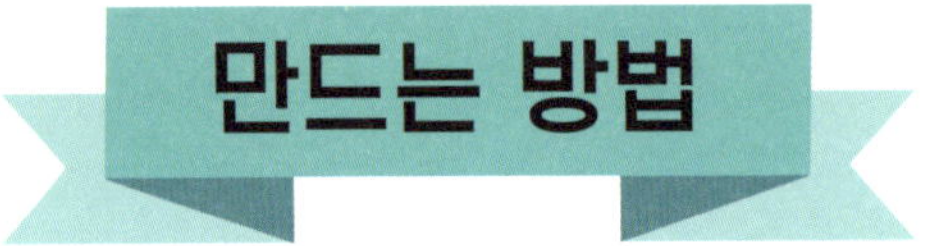

준비물:

행성 전개도
가위
풀
실
연필

1단계

25쪽 정사면체와 27쪽 정육면체 모양의 전개도를 자릅니다.

2단계

점선을 따라 안쪽으로 접고, 연필로 파란색 점 위에 구멍을 내고 실을 끼웁니다.

3단계

29쪽에 '여기에 전개도의 밑면을 붙이세요.'라고 적힌 곳에
전개도의 밑면을 각각 붙입니다.

4단계

실을 한꺼번에 조심스럽게 잡아당겨서 매듭을 지으면 끝!

정사면체

정육면체

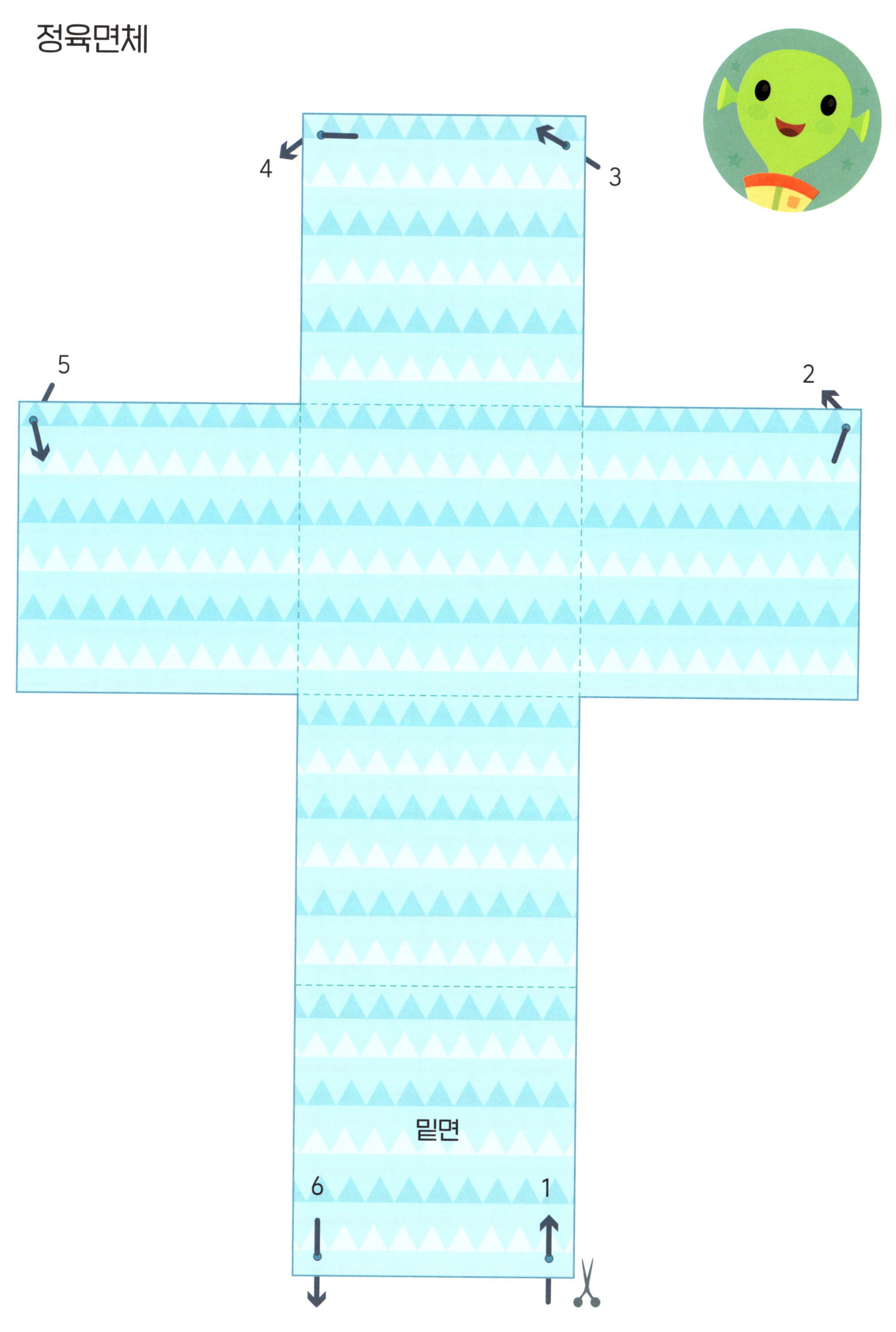

정다면체 관찰하기

이제 두 전개도를 아래 모양에 맞춰 풀로 붙여 보세요. 붙이기 전에 실이 잘 끼워져 있는지 확인하고요. 그러면 이제 화살표 방향으로 두 실을 한꺼번에 잡아당기면… 우리만의 입체도형이 완성됩니다!
정사면체와 정육면체를 들여다보면서 각 면의 모양은 어떤지, 한 꼭짓점에는 몇 개의 모서리가 만나는지를 꼼꼼하게 살펴보고 정리해 보세요.

정사면체 전개도의 밑면을
여기에 붙이세요.

밑면

정육면체 전개도의 밑면을
여기에 붙이세요.

밑면

크고 작은 도형은 몇 개?

델타감마 사분면 행성에서 교신이 왔어요. 확인해 볼까요?

? **도형에서 크고 작은 정사각형을 몇 개나 찾을 수 있나요?**

이 키하 님 눈에는 너무 많은 정사각형이 보이는군요.
정사각형의 크기는 다를 수도 있다는 거에 주의하고 작은 모양부터 차근차근 세어 보세요.

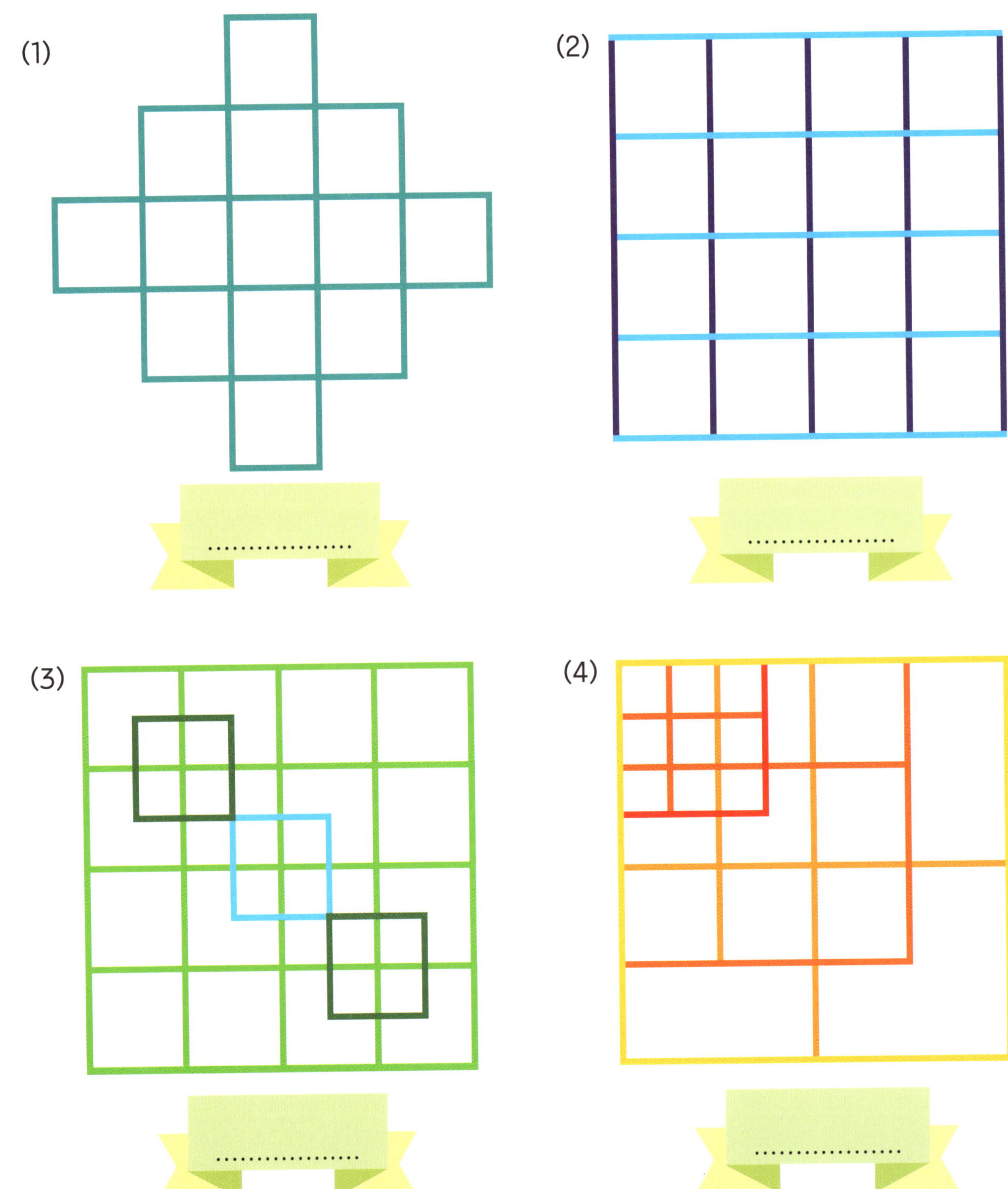

(5)

(6)

(7)

(8)

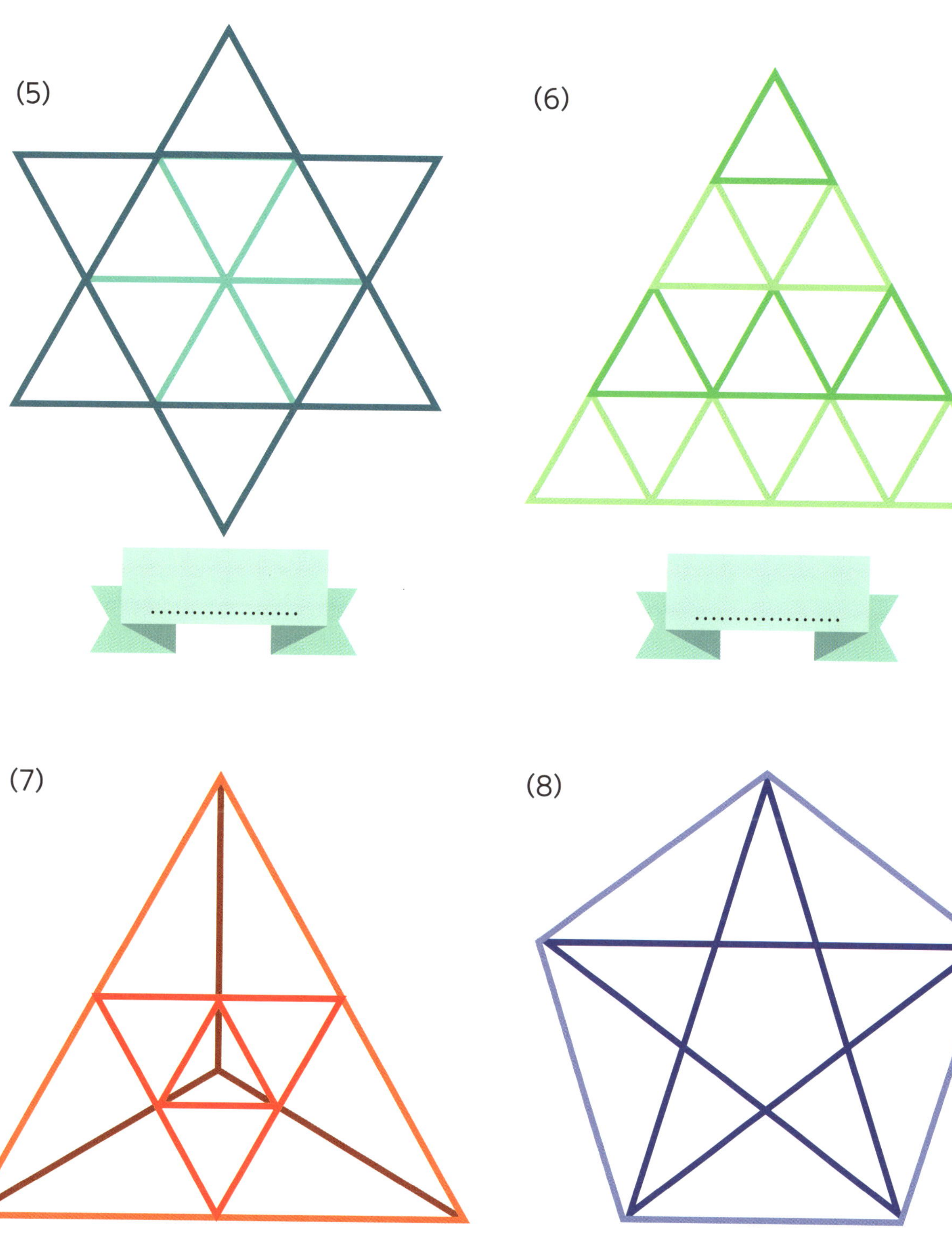

도형에서 크고 작은 정사각형과 크고 작은 삼각형을
각각 몇 개씩 찾을 수 있는지 구해 보세요.

(1)

(2)

(3)

(4)

(5)

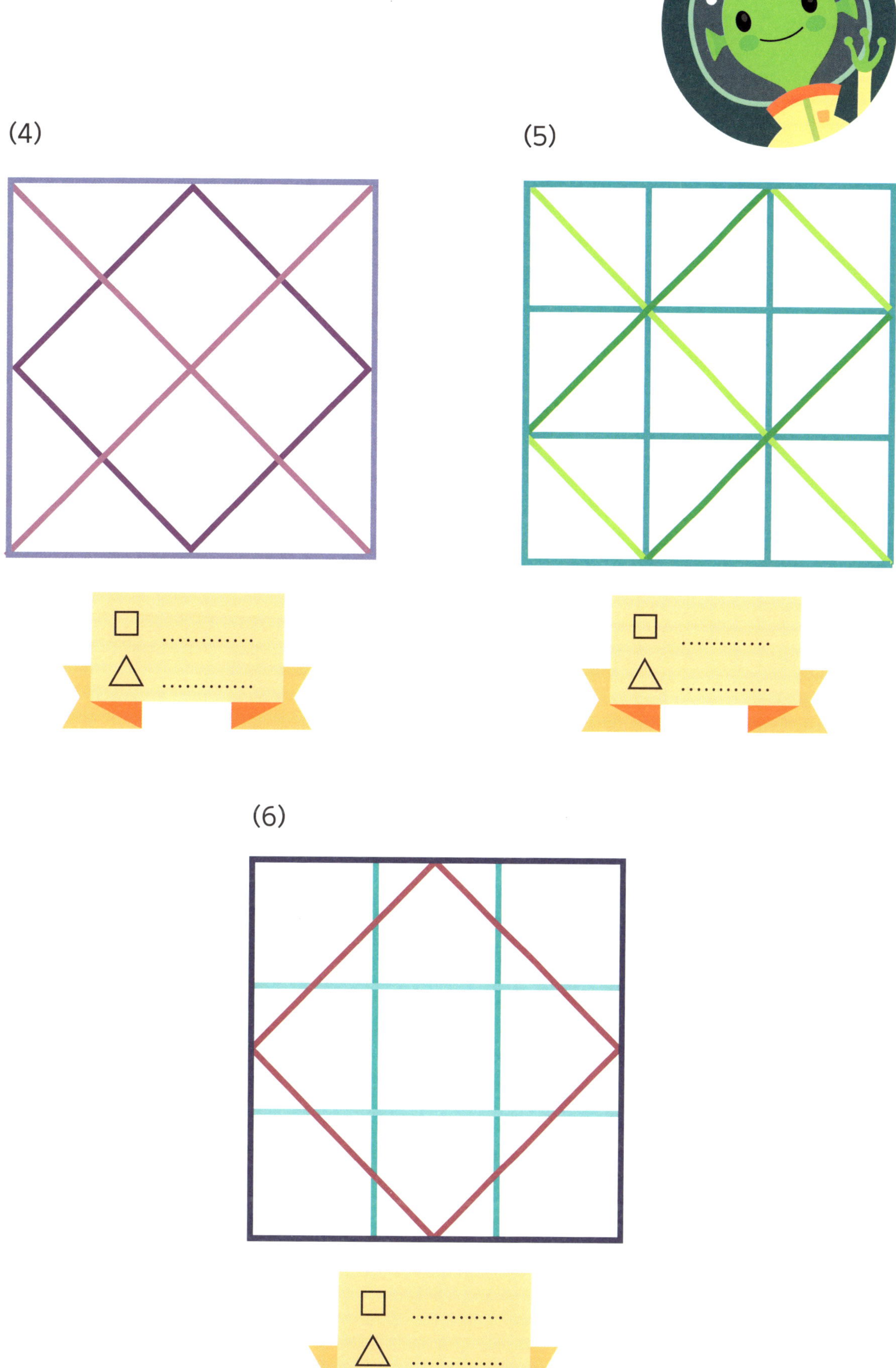

(6)

행성 디자이너

우주의 행성을 만드는 디자이너가 행성을 하늘로 올리는 도구를 새로 얻었대요.
그런데 어쩐지 힘들어 보이네요. 아하, 톱니바퀴를 이용할 줄 모르나 봐요.
행성을 끌어 올리려면, 알맞은 톱니바퀴를 찾아 돌려야 하는데 말이에요.
화살표는 톱니바퀴가 도는 방향을 보여 주고 있지요?
행성 디자이너에게 톱니바퀴가 어떻게 작동하는지 자세히 알려 주세요.

톱니바퀴는 맞물려 돌아가고 있으며, 행성이 매달린 마지막 톱니바퀴는 그 전 톱니바퀴와 맞물려 있지 않고 체인으로 묶여 있습니다. 4개의 행성 가운데 어느 행성이 끌어올려질지 모두 골라 보세요.

탱그램 혜성이 다가와!

이상한 혜성이 다가오고 있어요.
이 혜성에는 이상한 동물들이 살아요.
그 동물들은 정육면체나 구처럼 입체적인 동물들과는
다르게 생겼어요.
아주 평면적이죠. 온몸은 새까맣고,
독특한 모양을 하고 있어요.

오리기 활동지는 본문 뒤에 있어요.

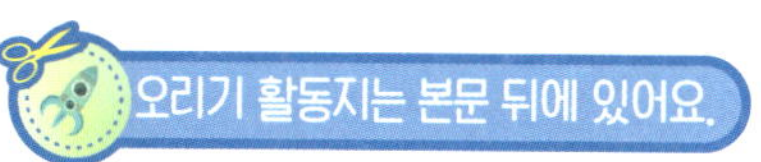

이 이상한 동물은 오른쪽과 같은 7개의 조각으로 이루어져 있어요.
큰 삼각형 2개, 중간 크기의 삼각형 1개,
작은 삼각형 2개, 정사각형 1개, 평행사변형 1개가 모여 있지요.
이 조각들을 탱그램이라고 해요.
탱그램은 칠교놀이라고도 부르지요.

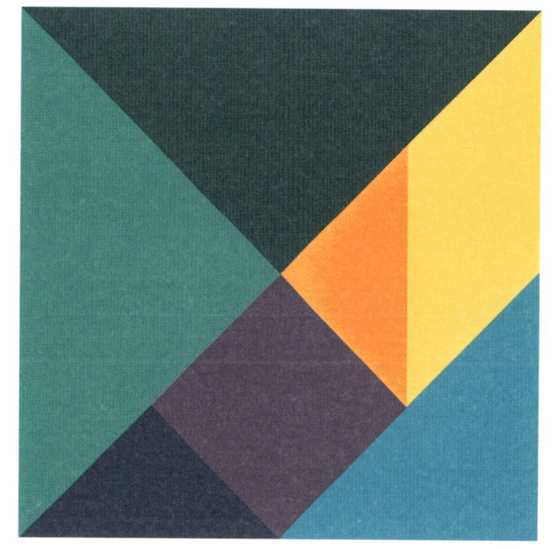

본문 뒤의 탱그램 일곱 조각을 오려서 아래의 고양이 모양을 만들어 보세요. 그러고 나서 탱그램 조각으로 다른 동물들도 만들어 보세요.

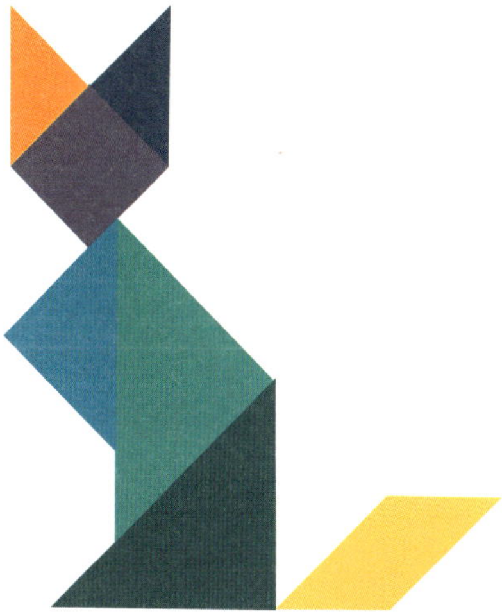

고양이

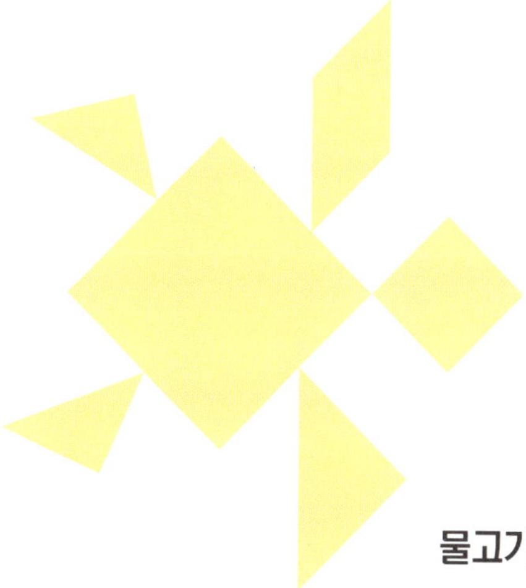

물고기

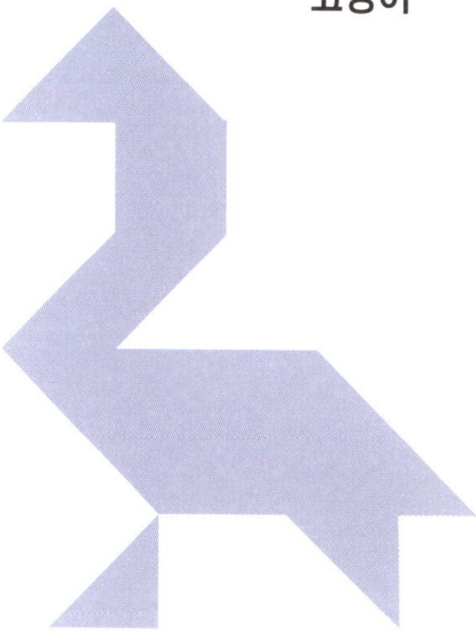

새

고래

우주 택시 정거장

우주에서 가장 큰 도시에 도착했어요. 이 도시는 길이 바둑판 모양으로 잘 정리되어 있군요.
여기서는 모두 우주 택시를 타고 이동해요.
우주 택시가 이동한 거리는 출발점과 도착점 사이에 이동한 가로 선분과 세로 선분의 길이를
모두 더한 것과 같아요. 당연히 길은 여러 가지가 있답니다.
아래 그림을 볼까요? 점 A에서 점 B로 갈 때 거리는 같지만 빨간 길, 파란 길, 초록 길의
세 가지 길이 있어요. 모두 16개의 단위 선분만큼 이동합니다.
이 길은 점 A에서 점 B로 가는 가장 짧은 길이예요! 한번 직접 세어 보세요.

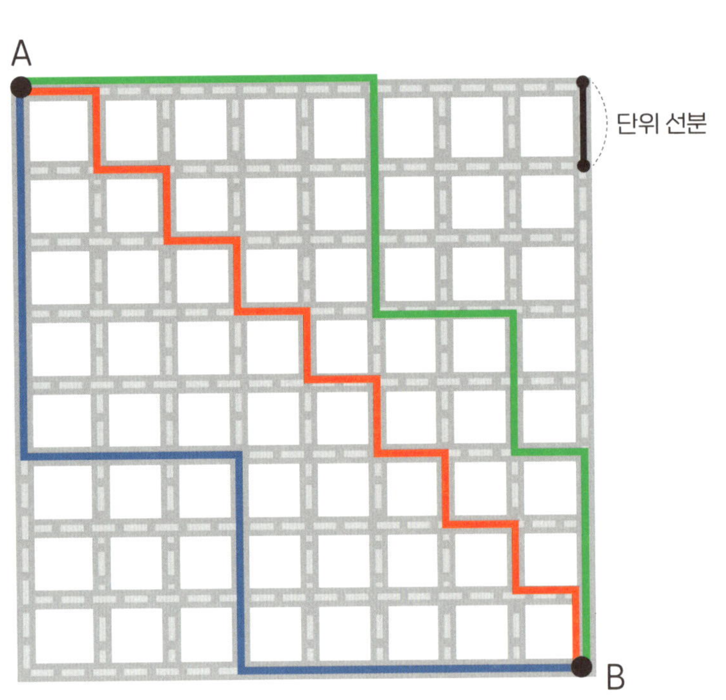

(1) 점 C에서 점 D까지 가야 하는데, 우주
택시가 3가지 다른 길을 추천해 줬어요.
각 길은 모두 몇 개의 단위 선분으로 되
어 있나요?

파란 길: ＿＿＿＿

노란 길: ＿＿＿＿

빨간 길: ＿＿＿＿

이 중에서 가장 짧은 길은
어느 것인가요?

＿＿＿＿＿＿＿＿

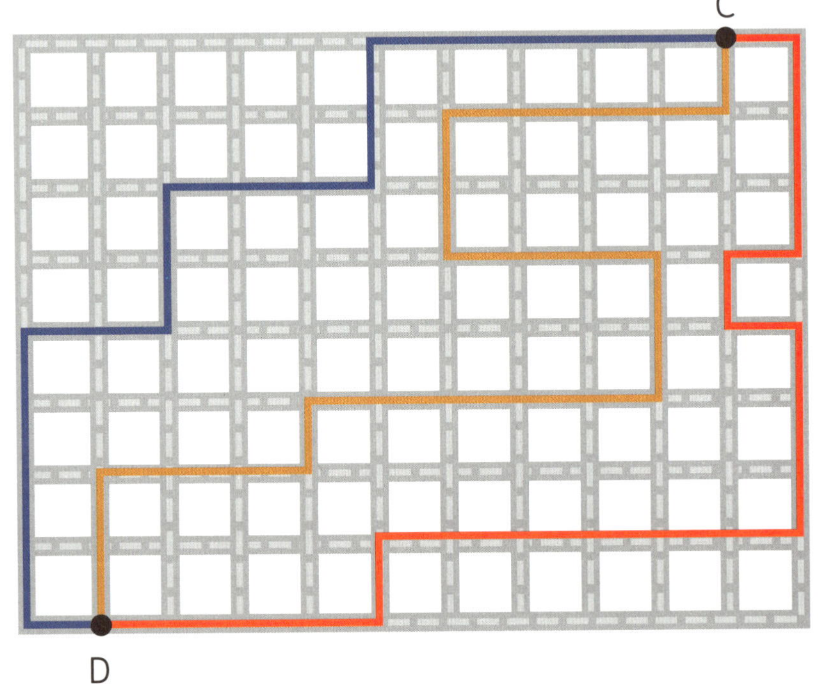

(2) 점 E에서 점 F까지 가는 가장 짧은 길을 세 가지 그려 보세요.

그 길은 몇 개의 단위 선분으로 이루어져 있나요? ___________

또 점 G에서 점 H까지 가는 가장 짧은 길은 몇 개의 단위 선분으로 이루어져 있나요? ___________

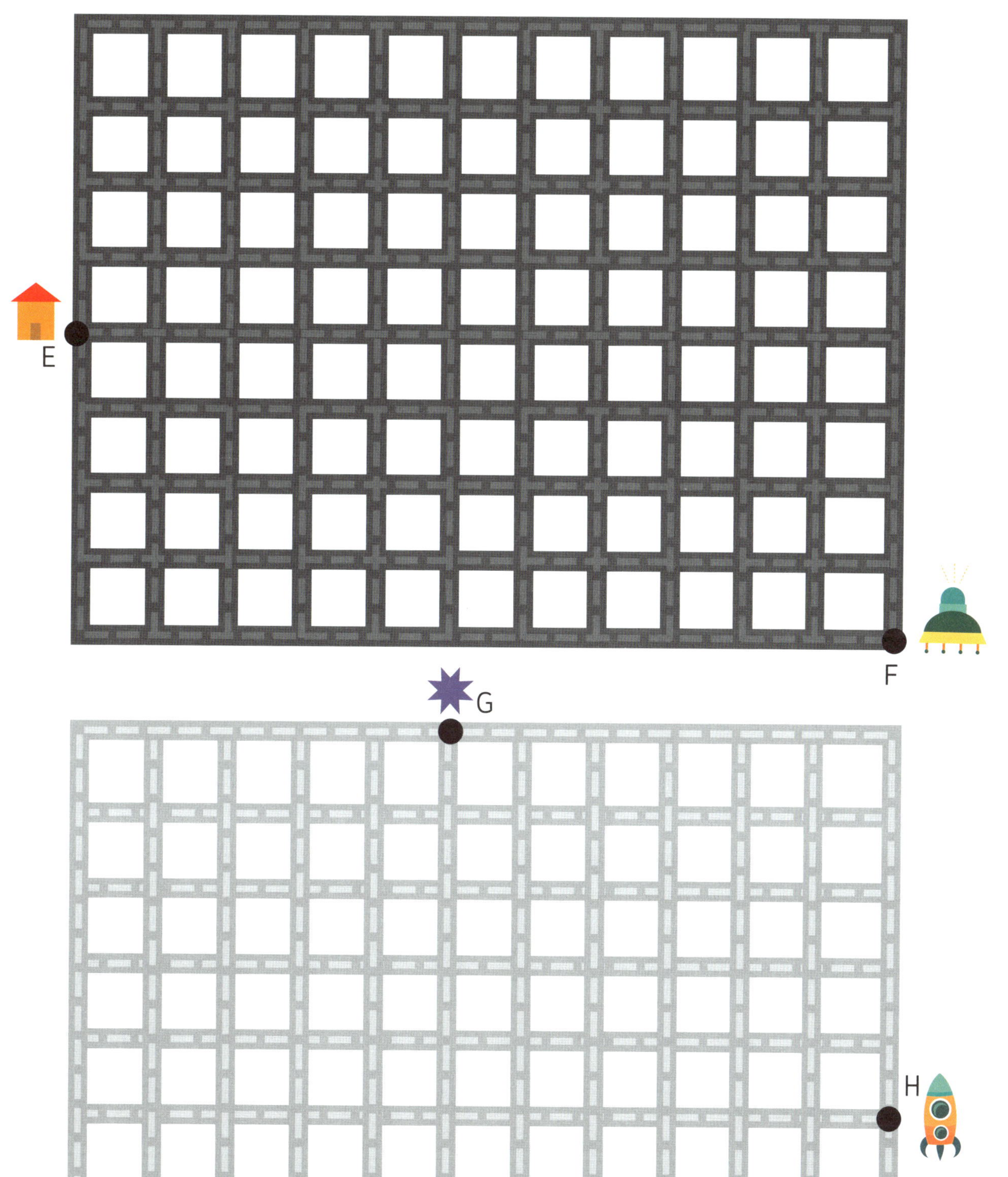

평면도형의 이동

소행성 무리가 몰려와서 우주선으로 가는 길을 막고 있어요.
우리 우주선으로 가려면 여기의 평면도형 소행성들을 통과해야 해요.
그래도 이 키하 님에게 이 정도는 쉬운 문제랍니다.
거울만 있으면 소행성들을 옮길 수 있거든요.

우리는 '대칭이동'이라는 방법으로 이 소행성을 옮길 거예요.
대칭이동은 대칭축을 기준으로 도형을 뒤집어 옮기는 이동 방법이에요.
대칭축은 도형을 뒤집을 때 기준이 되는 선이죠.
대칭축을 긋고, 대칭축에서 각 꼭짓점까지의 거리를 재고 반대편에 그 거리만큼의 점을 다시 찍어요.
모양을 바꾸는 게 아니고 거울에 비친 도형의 모습처럼 도형을 뒤집는 거예요.
그러면 점 A에서부터 시작해 볼까요? 파란 선은 대칭축이에요.
대칭축에서 점 A까지의 거리는 2 단위 선분이고, 대칭축의 반대편에 같은 거리를 재서 점 A의 대응점 A1을 표시합니다. 대칭축에서 A1까지의 거리는 당연히 2 단위 선분이겠지요. 이런 식으로 모든 대응점을 구하고 그 점들을 연결하면 대칭이동이 완료됩니다.

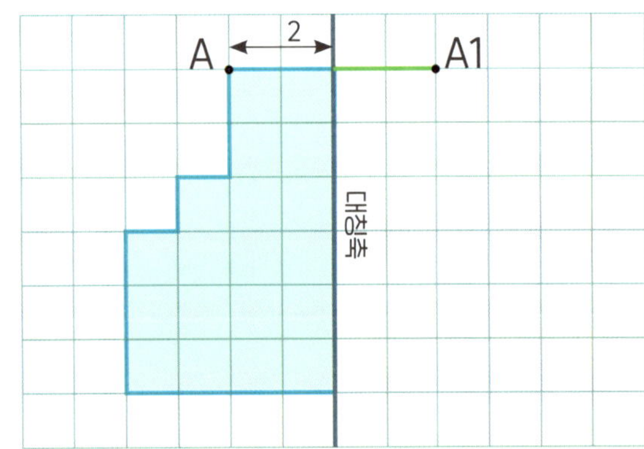

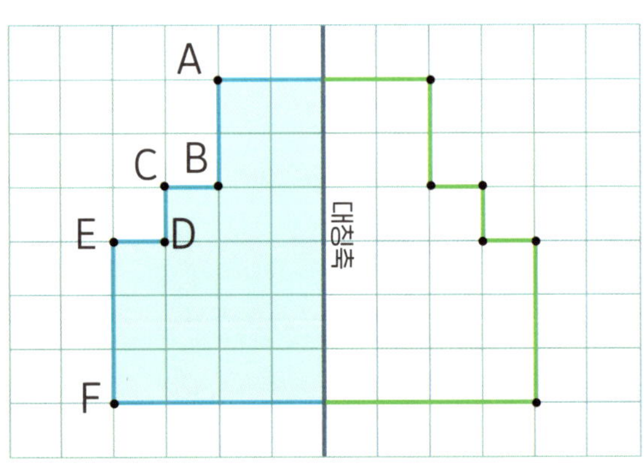

방법을 알았으니 이제 본격적으로 대칭이동을 연습해 봅시다.
아래 소행성 모형들을 대칭이동 해 보세요.

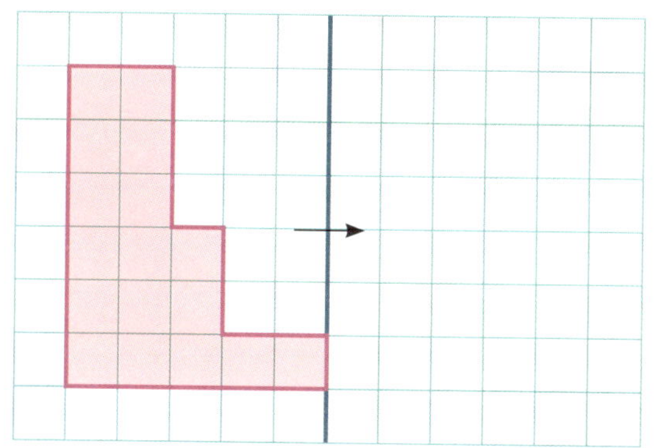

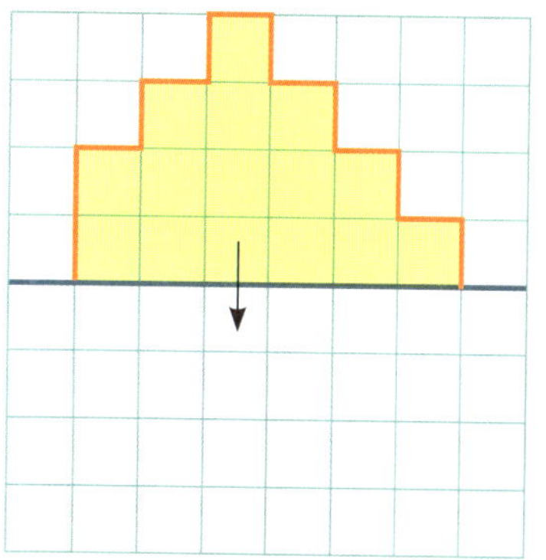

이번에는 소행성 장애물을 옮겨 볼까요? 어떤 소행성을 대칭이동 해야 우주선으로 가는 길이
생길까요? 대칭축을 어디로 두어야 할지 잘 생각해서 대칭이동을 해 보세요.
길이 너무 좁으면 우리가 지나갈 수 없어요. 길의 너비는 적어도 2×2칸은 돼야 해요! 그리고
초록 소행성은 너무 무거워서 대칭이동을 할 수 없고 파란 소행성만 이동할 수 있어요. 방법
은 여러 가지가 있으니, 소행성을 대칭이동 해서 통과해 보세요.

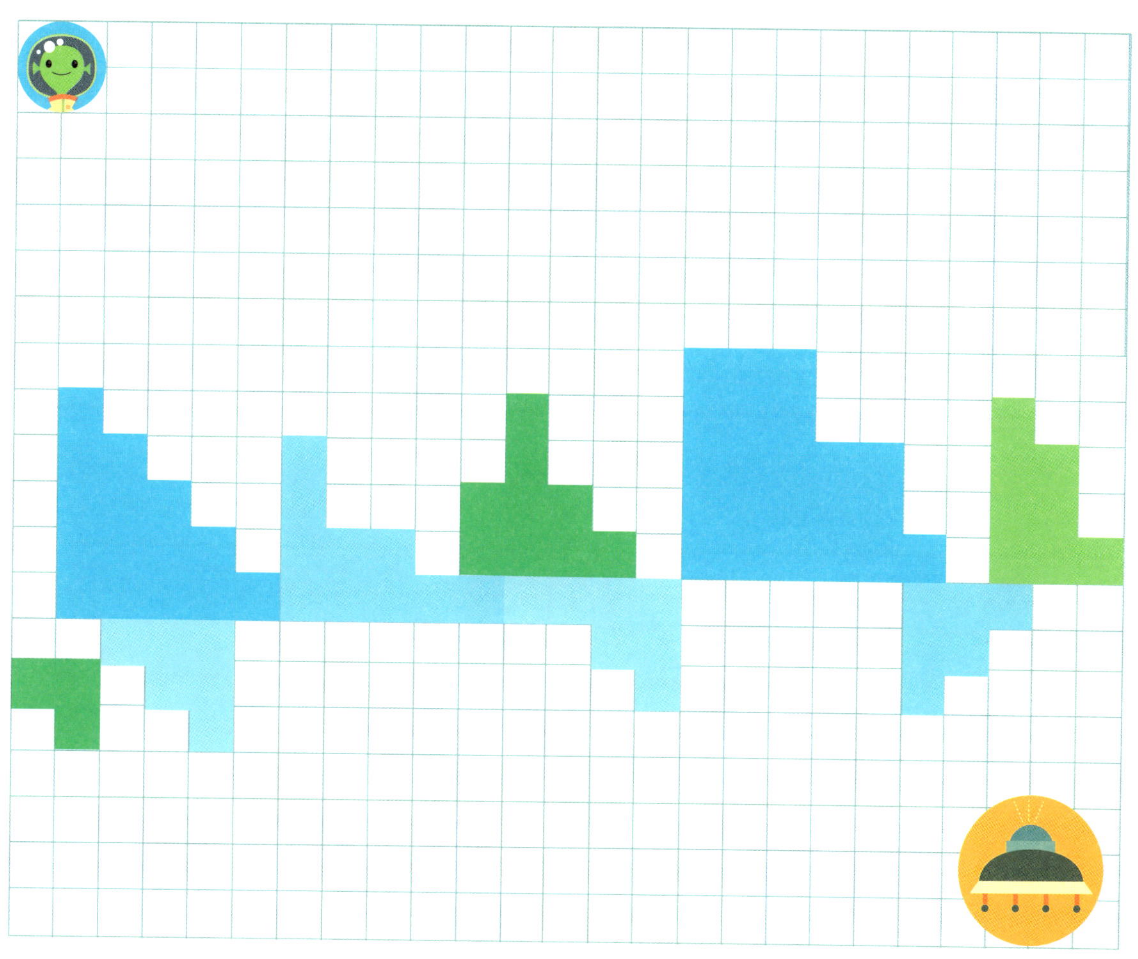

오리기 활동지는 본문 뒤에 있어요.

또 다른 도전

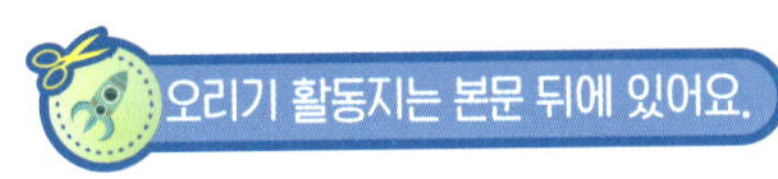

정말 잘했어요! 이번엔 좀 더 복잡한 문제에 도전해 보아요.
아래 그림을 보면 대칭축이 도형에서 떨어져 있어요.

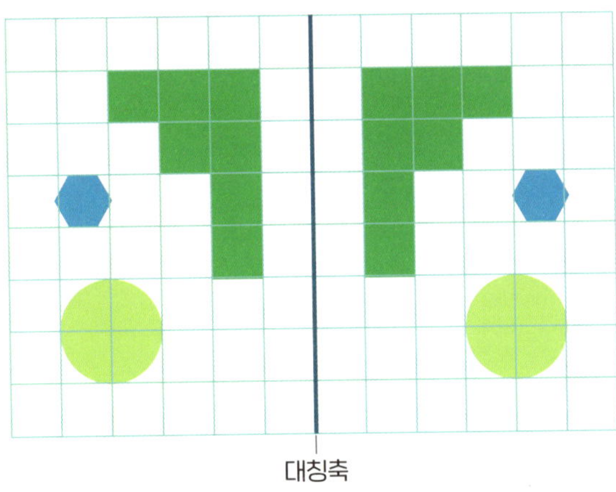

대칭축

책 뒤의 마음에 드는 도형을 오려서 대칭축에서 원하는 만큼 떨어지게 붙여 보고
대칭축을 기준으로 대칭이동 한 도형을 연필로 그려 보세요.

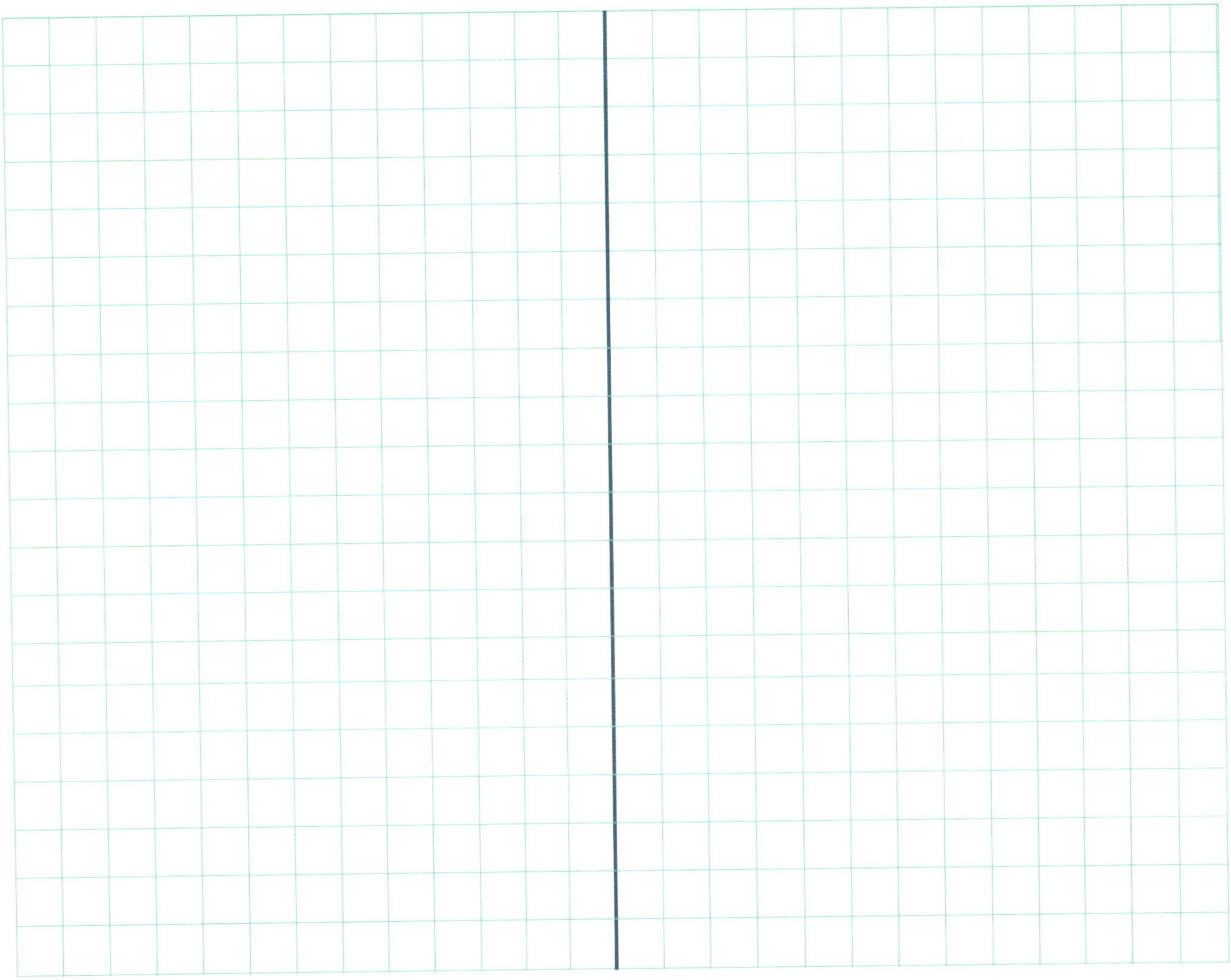

회전이동

회전이동은 한 점을 중심으로 원을 그리듯이 도형을 돌려서 이동하는 것을 말합니다.
그 한 점을 **회전이동의 중심**이라 하고, 회전이동 하며 돌린 각을 **회전각**이라고 해요.

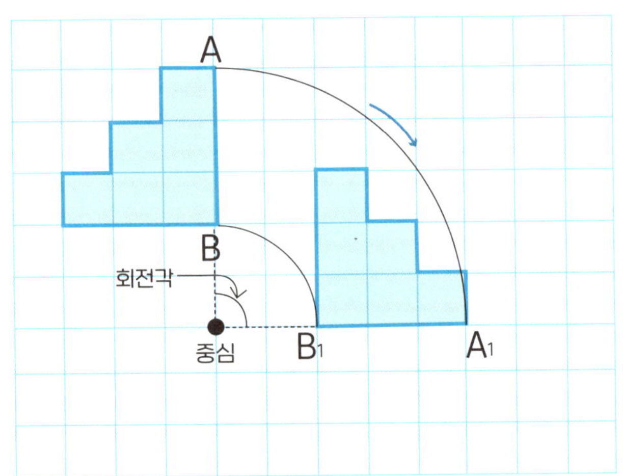

책 뒤에서 원하는 도형을 오려서 모눈에 올려놓으세요.
그다음 회전의 중심을 정하고, 여러 회전 각도로 돌려 보세요.
그 자리에 회전이동 한 도형을 그려 보고 색칠도 해 보세요.

평행이동

도형을 뒤집거나 돌리지 않고 그냥 옆으로만 옮기고 싶은데 그런 방법도 있을까요?
도형을 한 방향으로 이동하는 것을 평행이동이라고 해요.
도형에 있는 모든 점이 같은 방향으로 움직이는데, 가로든 세로든 대각선이든 상관없이
어디로든 이동할 수 있어요. 아래 그림을 잘 살펴보세요.
모양과 크기는 변하지 않고 위치만 바뀝니다.

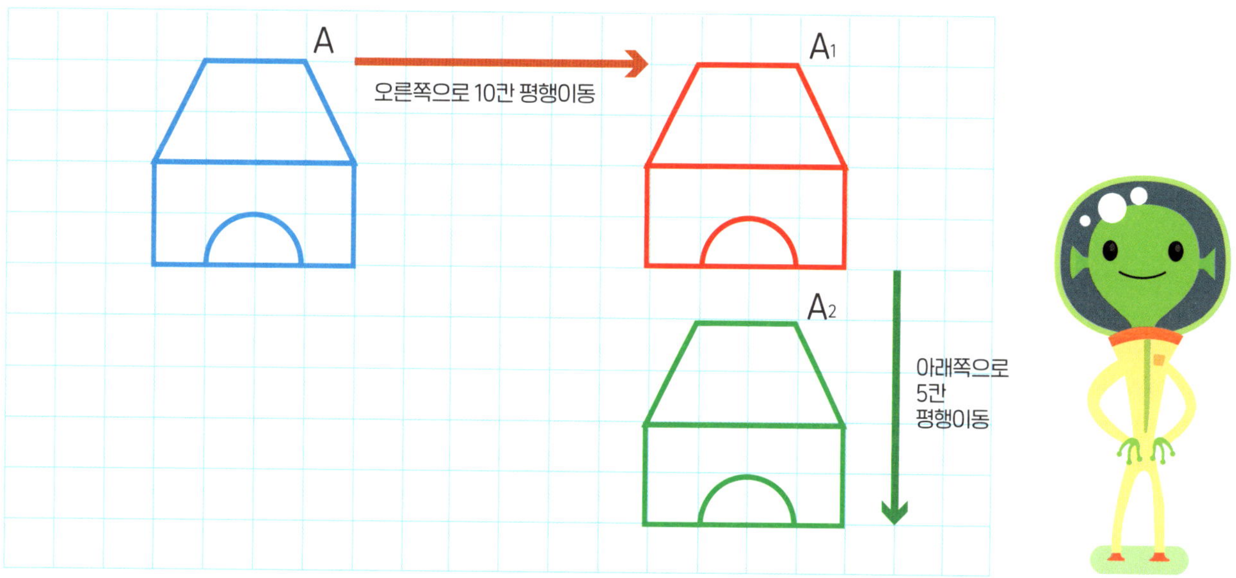

책 뒤의 도형을 오려서 모눈에 올려 놓고 화살표로 방향을 정한 후
평행이동 한 도형을 그려 보세요.

뫼비우스 부족의 끝없는 길

혹시 여행하다가 어느 날 똑같은 길을 반복해서 걷게 된다면 어떨 것 같아요?
어떻게 가든지 결국에는 똑같은 길을 걸어서, 똑같은 곳으로 돌아가게 되는 거죠.
이 우주에는 이렇게 매일 똑같은 길을 걸어 출발지로 돌아오는 여행을 하는 부족이 있어요.
와리까리라는 외계인들이 사는 뫼비우스 띠 행성이에요.
한 가지 흥미로운 점은 뫼비우스 띠는 꼬여 있지만 하나의 면으로 이어져 있어서
와리까리 부족들은 띠의 안쪽 면과 바깥쪽 면을 모두 걸을 수 있다는 거예요!
뫼비우스 띠에는 안쪽과 바깥쪽이 없어요.
뫼비우스 띠를 만드는 방법을 보고 같이 만들어 보아요. 아주 신기할 거예요.

준비물
직사각형 띠, 가위, 테이프나 풀

뫼비우스 띠를 만드는 법
1. 47쪽에 있는 긴 직사각형 모양의 띠를 잘라 내세요.
2. 띠를 한 번 꼬아 주세요.
3. 띠를 꼰 채로 양 끝을 맞춰 줍니다. 그림에서 끝점 A는 A끼리, 끝점 B는 B끼리 만나야 해요.
4. 두 끝을 테이프나 풀로 붙여서 단단히 고정하면 뫼비우스 띠 완성!

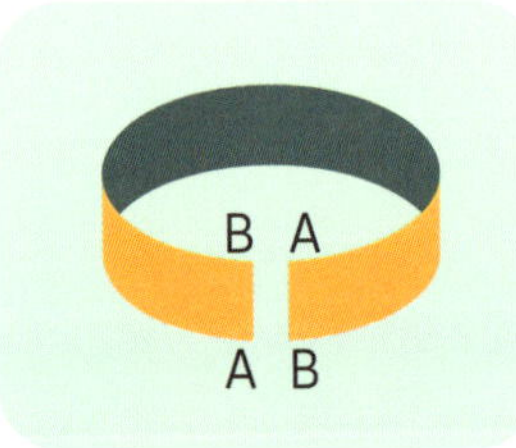

먼저 띠의 가운데를 따라 선을 그려 보세요. 띠의 모서리를 따라서도 그려 보세요.
어때요. 출발점으로 다시 돌아오나요? 안쪽과 바깥쪽이 구분되나요?

재미있나요?

다른 뫼비우스 띠를 더 만들어 보세요.

별자리 지도

이제 여행도 막바지에 다다랐네요.
우리가 여행한 기록을 바탕으로 별자리 지도를 만들어야 합니다.
본부에서 준 설명서대로 별자리 지도를 네 가지 영역으로 구분하고
색칠하면 돼요. 아래는 저번 여행 때 만든 별자리 지도인데 참고하세요.

4색 정리

평면을 여러 부분으로 구분하여 색을 칠할 때 이웃하는 면에는 서로 다른 색으로 칠하려고 합니다. 이때 이웃한다는 말은 두 면이 같은 선에 붙어 있다는 뜻이에요. 적어도 4가지 색이 있으면 이웃하는 면에 서로 다른 색을 칠할 수 있어요. 이것을 **4색 정리**라고 해요.

별자리 지도 만들기

빨간색, 파란색, 갈색, 노란색의 색연필을 준비하세요. 빨간색으로 한 칸을 칠해 보세요.

어디든 상관없어요! 다른 칸들도 빨간색끼리는 서로 이웃하지 않게 빨간색을 모두 칠하세요.

빨간색으로 칠할 칸이 남지 않았다면, 이번에는 다른 칸에 파란색을 칠해 보세요.

파란색도 서로 이웃하지 않게 모든 칸을 칠하세요.

이렇게 빈칸이 남지 않을 때까지 다른 색으로도 칠해 보세요.

4가지 색만으로도 규칙에 따라 빈 곳 없이 모든 색을 칠할 수 있다는 걸 알 수 있어요.

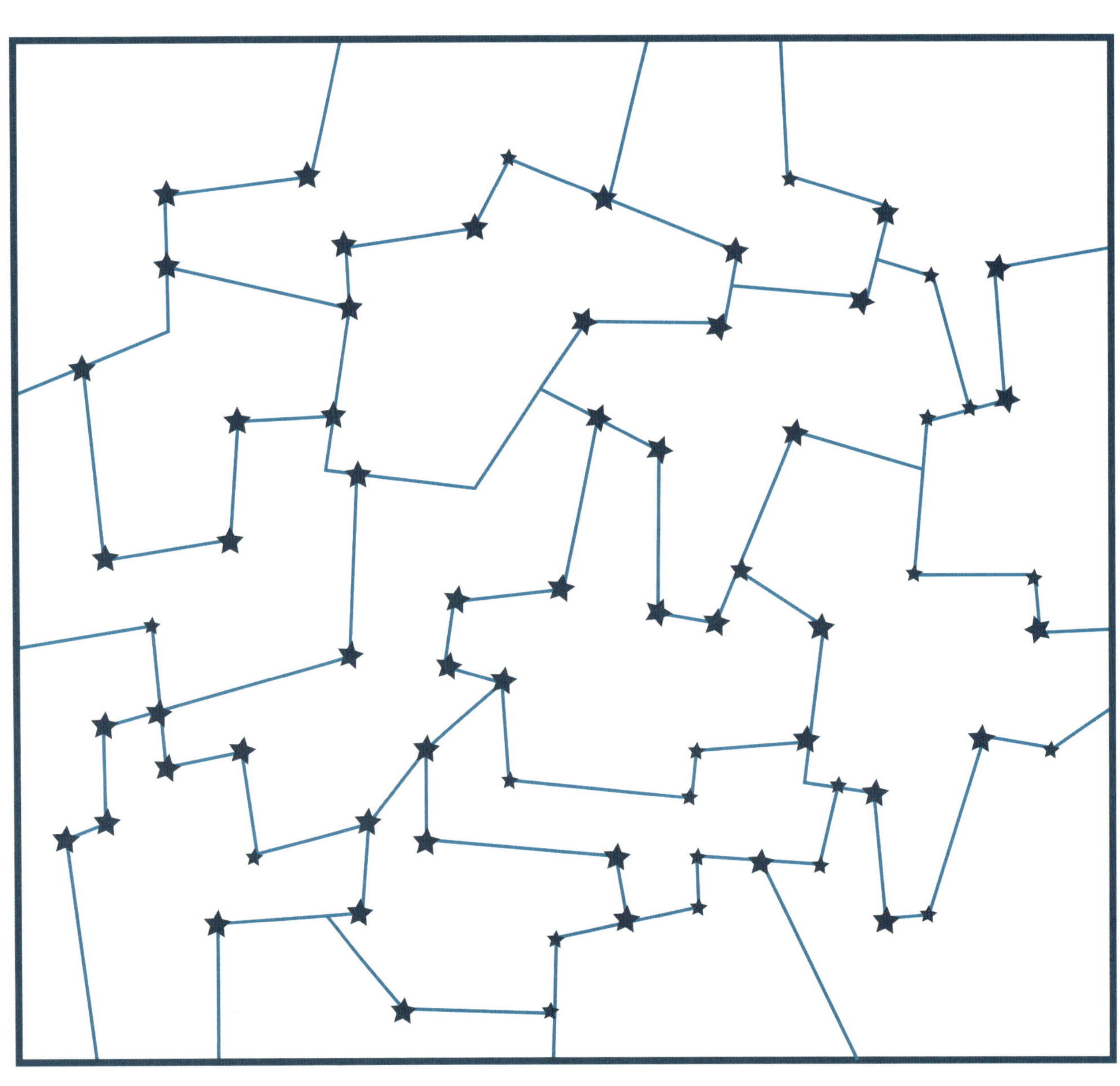

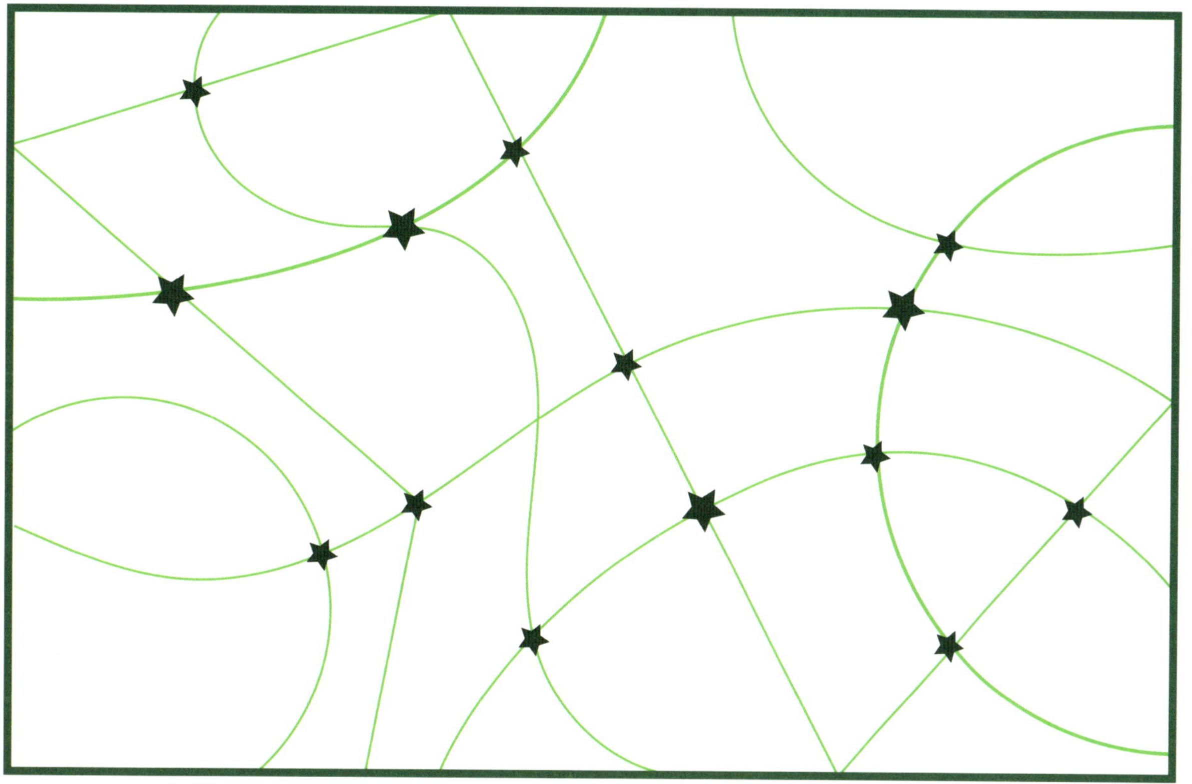

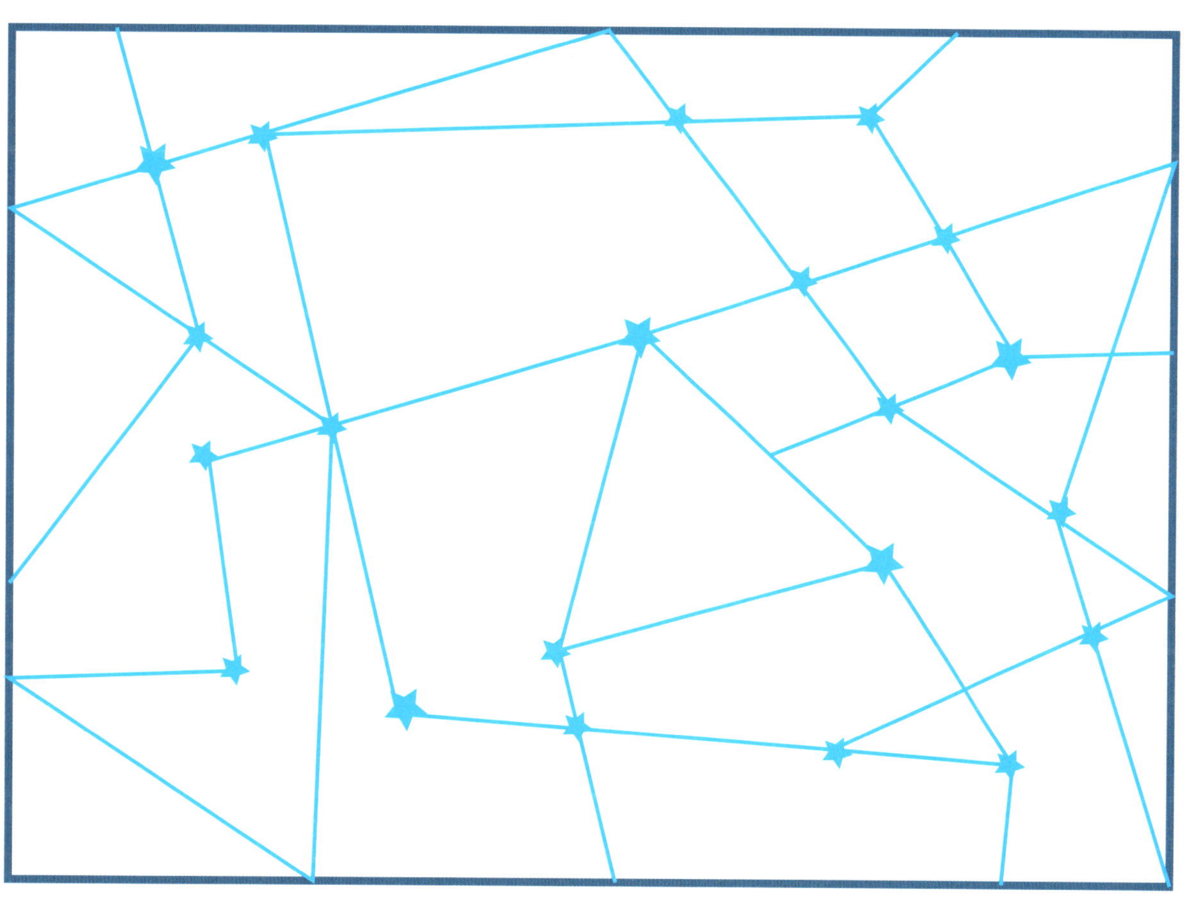

겨울 행성

지구는 햇살이 쨍쨍한 날도, 비가 오는 날도, 더운 날도, 추운 날도 번갈아 나타난다면서요?
우리가 지금 도착한 행성은 겨울 행성인데, 날마다 눈이 내리는 곳이에요.
여기에 온 이유는 눈송이를 관찰하기 위해서예요.
겨울 행성은 특별한 모양의 눈이 내리거든요.
아주 가까이에서 눈송이를 어떻게 만드는지 배우러 갑시다!

준비물
연필, 본문 뒤에 있는 삼각형, 풀

만드는 방법
1. 가장 큰 삼각형 두 장 중 하나를 오려서 53쪽에 있는 하늘색 삼각형 모양에 맞춰 붙여 봅니다.
2. 남은 큰 삼각형 하나를 첫 번째로 붙인 삼각형 위에 거꾸로 붙입니다.
3. 그다음 작은 삼각형 12개를 오려서 진한 파란 선 안에 각각 하나씩 붙입니다.

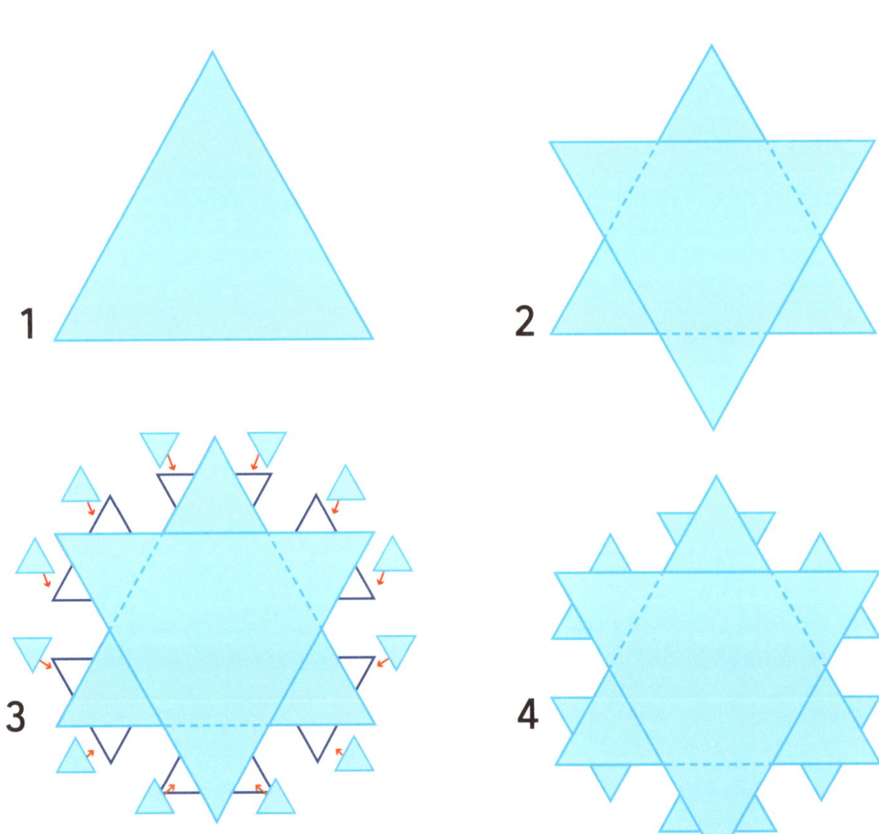

눈송이 관찰

이제 만든 눈송이를 관찰해 봐요.

프랙탈 구조
우리가 만든 눈송이처럼 일부 작은 조각이 전체와 비슷한 형태를 나타내는
기하학적 구조를 **프랙탈 구조**라고 해요. 이것을 활용한 기술은 인공 지능,
시뮬레이션, 우주 분야 등 다양한 분야에 적용되고 있어요.

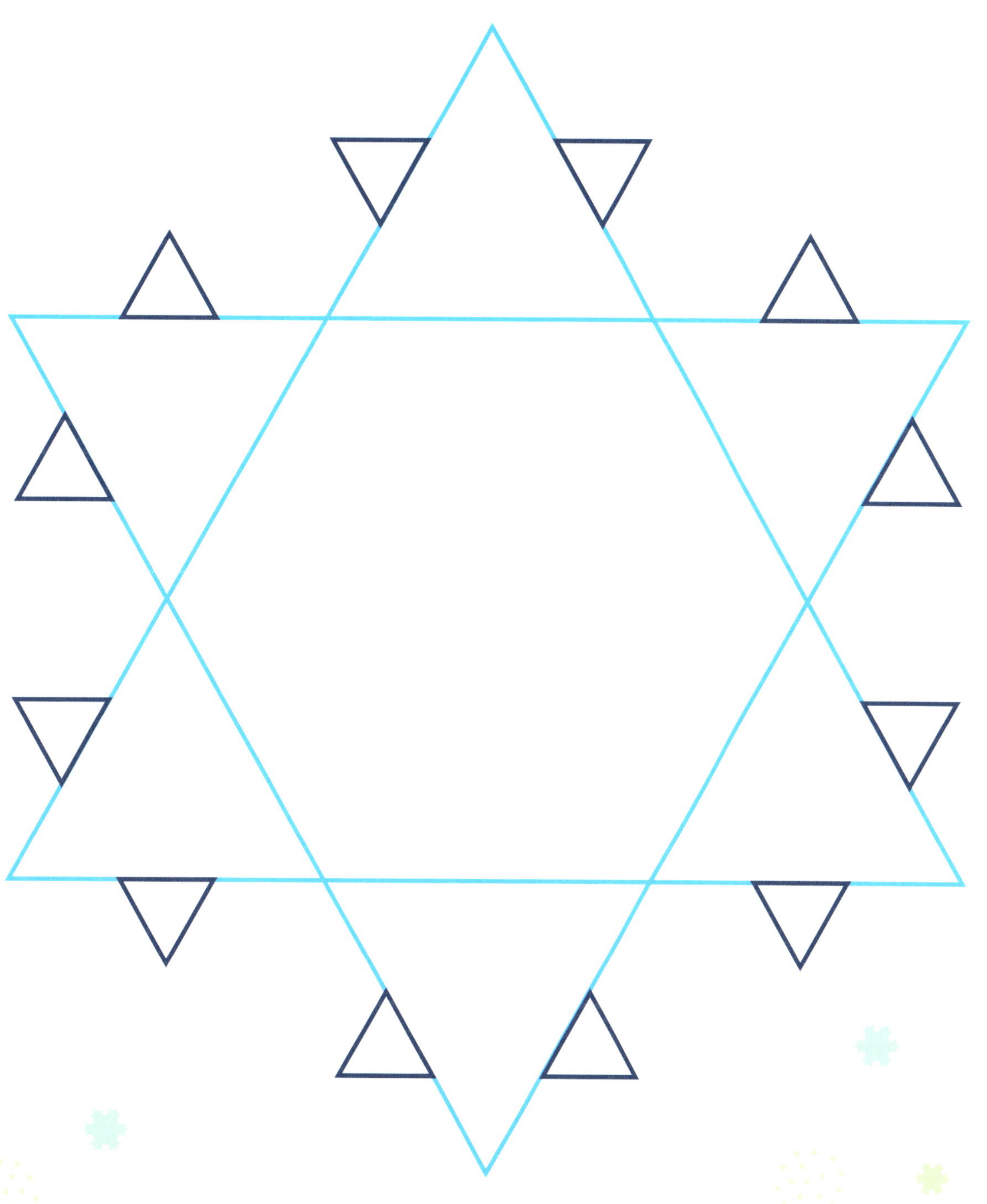

피타고라스의 정리

드디어 이번 탐사의 마지막 행성인 크로톤 행성에 도착했어요.
여기 크로톤 행성은 피타고라스학파의 후손들이 살던 아주 유서 깊은 행성이에요.
피타고라스학파는 삼각형, 정사각형 등 도형의 넓이를 구하는 연구를 해 왔지요.
행성을 탐사하려면 반드시 직각삼각형을 알아야 해요. **직각삼각형**은 밑변과 높이가
서로 수직으로 만나는 삼각형이에요. 직각의 맞은편에 있는 나머지 한 변을 **빗변**이라고 해요.

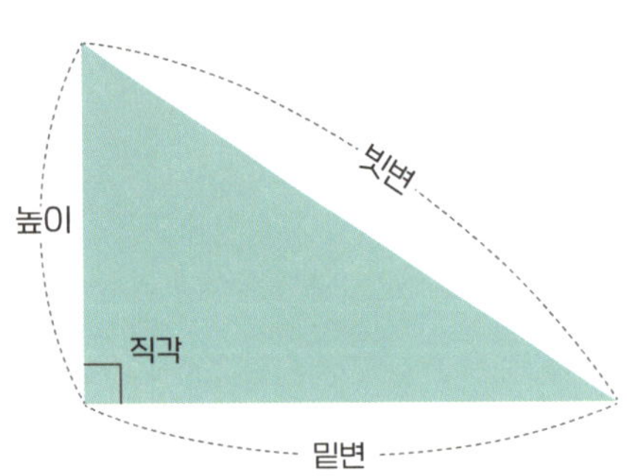

직각삼각형에 대해 좀 이해가 됐나요?
그럼 이제 피타고라스의 정리를 알려 줄게요!
그 전에 우리 정사각형의 넓이를 구하는 공식을 떠올려 보세요.(18쪽을 참고하세요.)

(정사각형의 넓이)
= (한 변의 길이) X (한 변의 길이)

피타고라스의 정리
빗변을 한 변으로 하는 정사각형의 넓이는 높이와
밑변을 각각 한 변으로 하는 정사각형의 넓이의 합과 같다.

$$c \times c = a \times a + b \times b$$

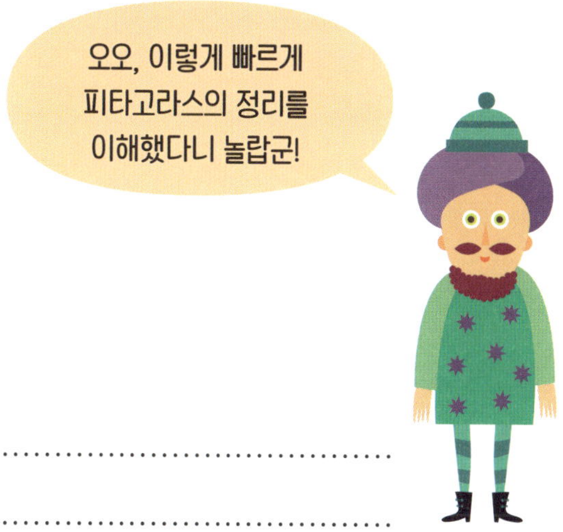
오오, 이렇게 빠르게
피타고라스의 정리를
이해했다니 놀랍군!

피타고라스의 정리를 떠올리면서
□ 안에 알맞은 수를 써넣으세요.

(1)

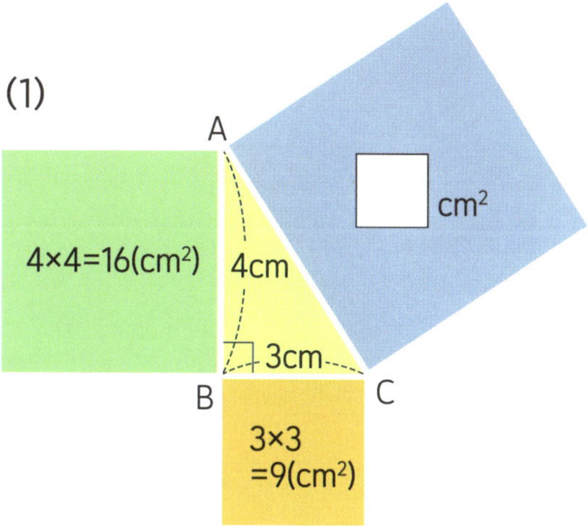
A
B
C
□ cm²
4×4=16(cm²)
4cm
3cm
3×3
=9(cm²)

(2)

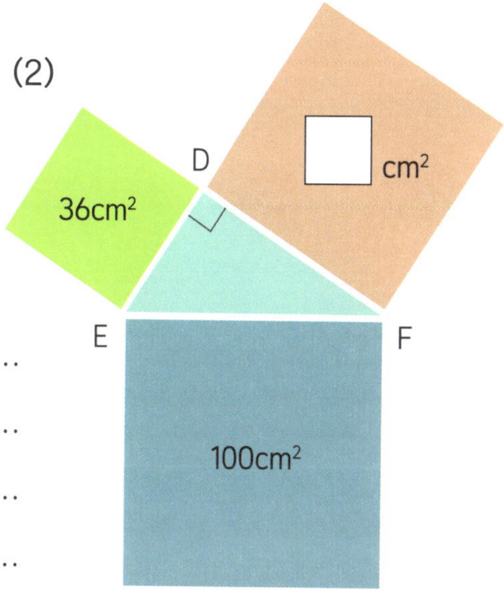
D
E
F
36cm²
□ cm²
100cm²

(3)

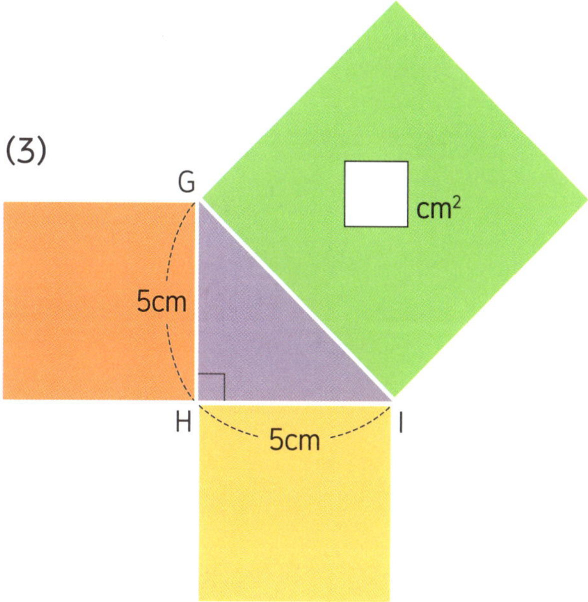
G
H
I
□ cm²
5cm
5cm

1. 각을 모두 찾아 ○표 하세요.

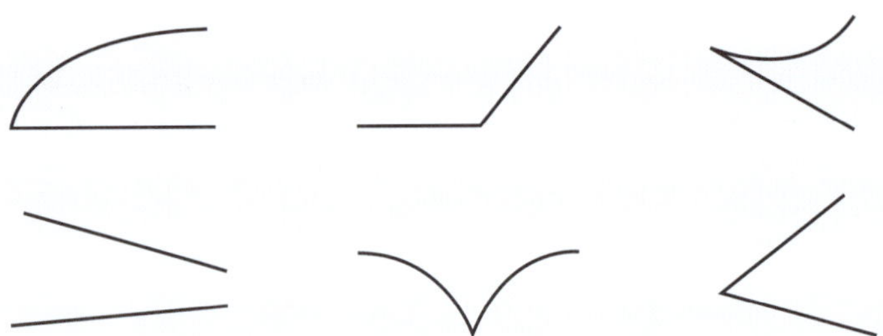

2. 직각삼각형을 모두 찾아 ○표 하세요.

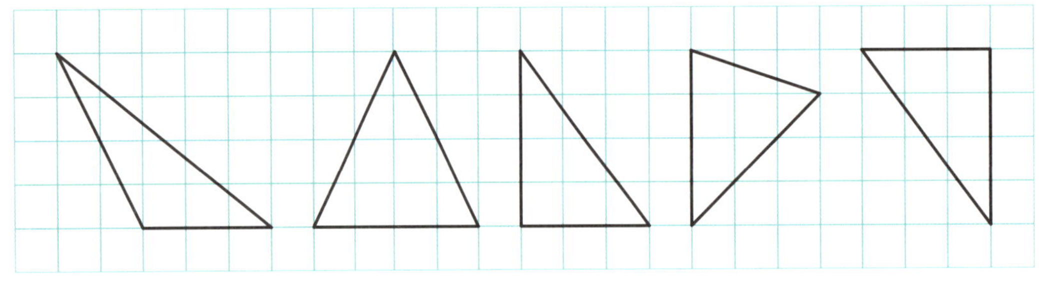

3. 직사각형을 모두 찾아 ○표 하세요.

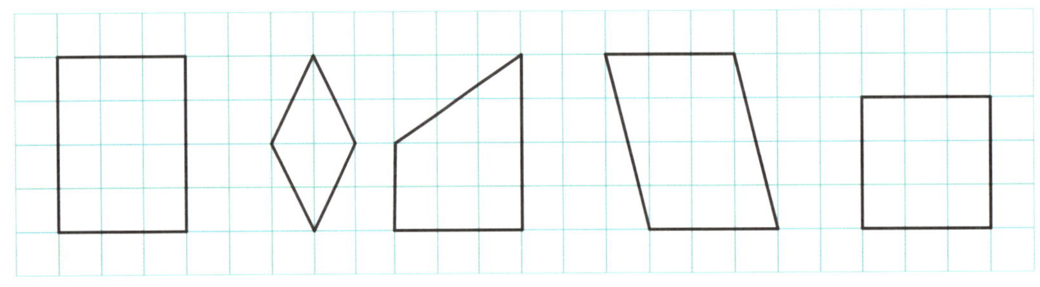

4. 정사각형을 모두 찾아 ○표 하세요.

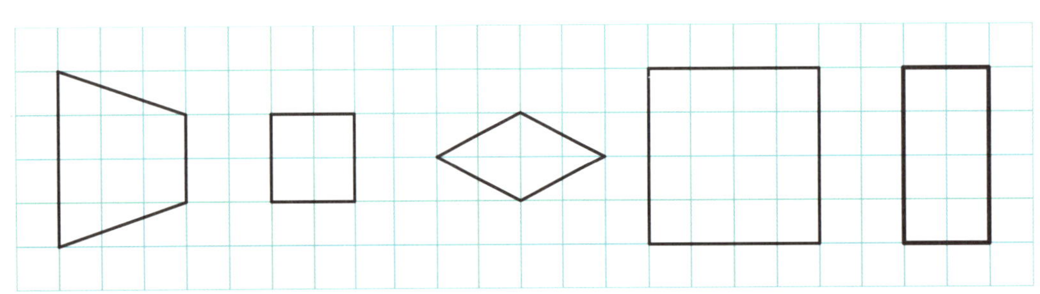

 각을 보고 예각, 직각, 둔각 중 어느 것인지 ⬜ 안에 써넣으세요.

개념 확인
- 예각: 90°보다 작은 각
- 직각: 90°인 각
- 둔각: 90°보다 크고 180°보다 작은 각

5. 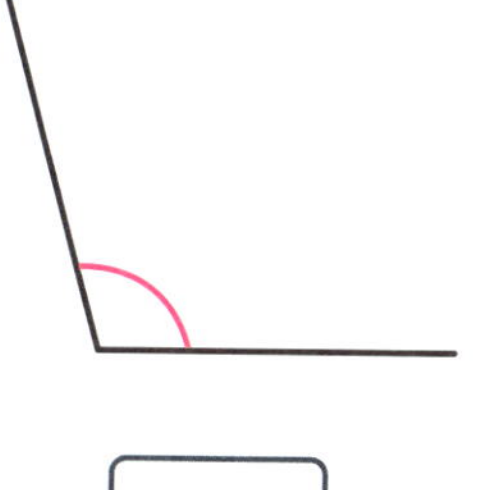

6. 

7. 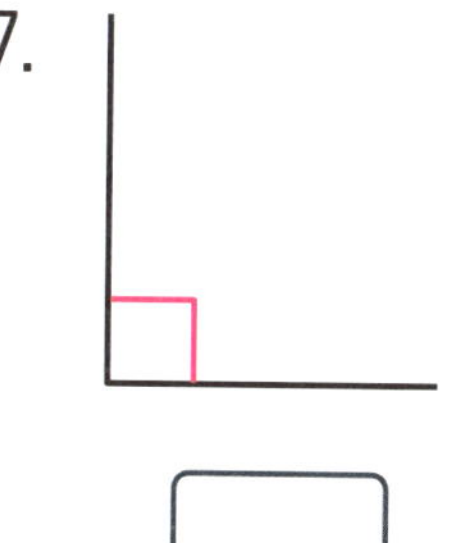

 삼각형의 세 각의 합은 180°입니다. ⬜ 안에 알맞은 수를 써넣으세요.

8. 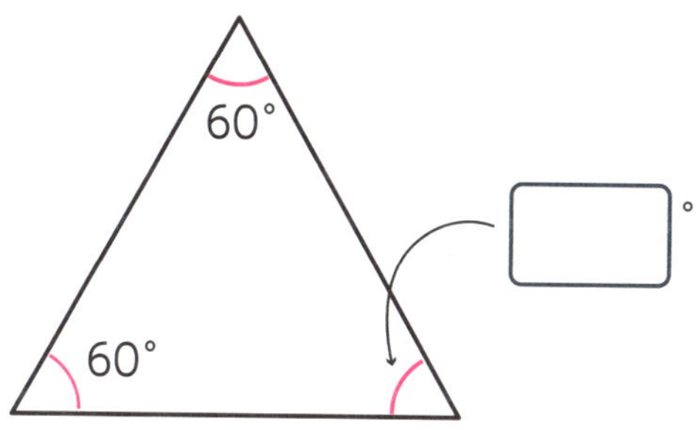

9. 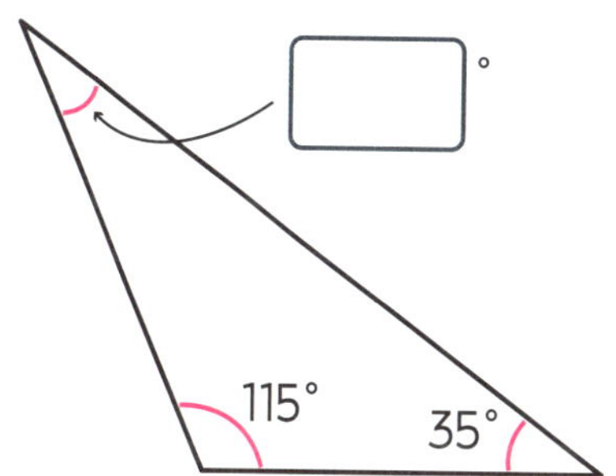

 사각형의 네 각의 합은 360°입니다. ⬜ 안에 알맞은 수를 써넣으세요.

10. 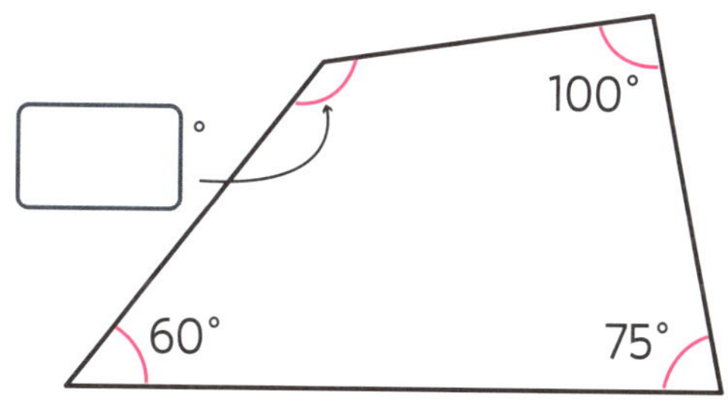

11. 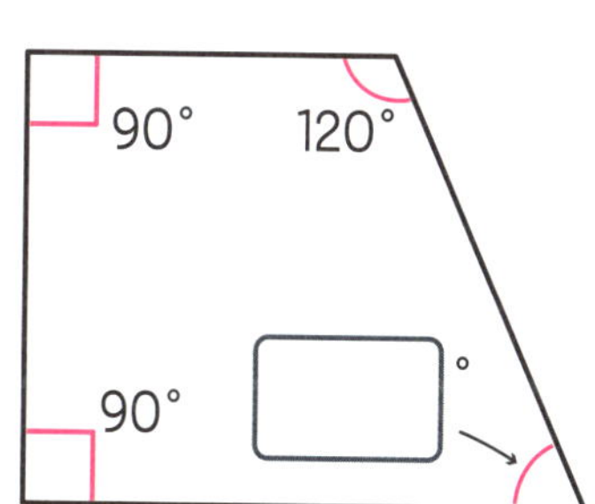

12. 도형을 위쪽과 오른쪽으로 뒤집었을 때의 도형을 각각 그려 보세요.

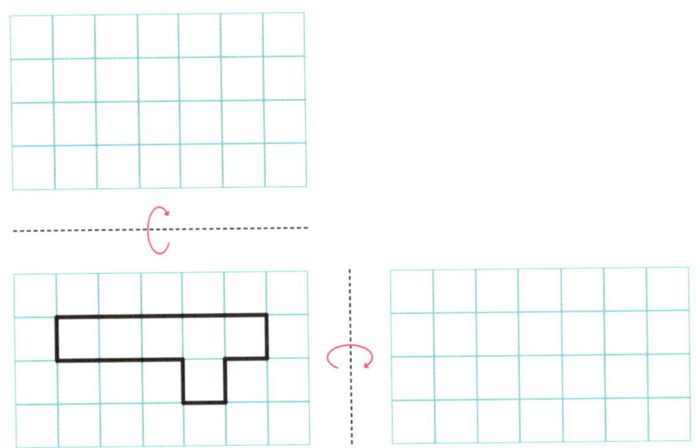

13. 도형을 시계 반대 방향과 시계 방향으로 180°만큼 돌렸을 때의 도형을 각각 그려 보세요.

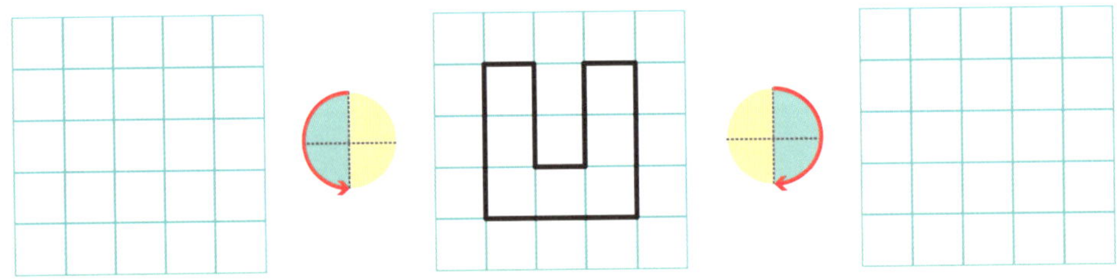

14. 도형을 시계 반대 방향과 시계 방향으로 90°만큼 돌렸을 때의 도형을 각각 그려 보세요.

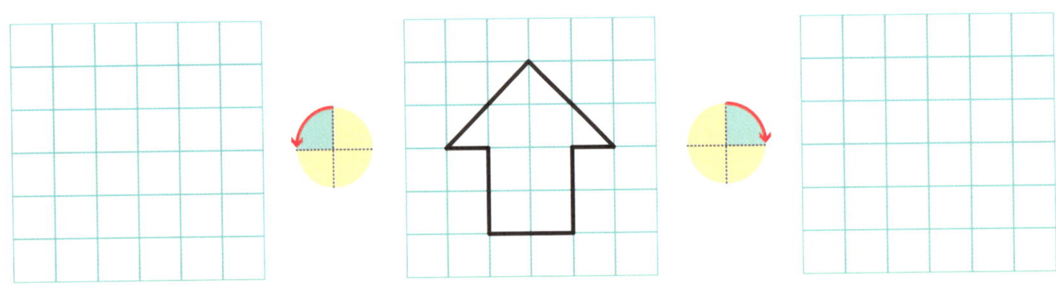

이등변삼각형입니다. ☐ 안에 알맞은 수를 써넣으세요.

15.

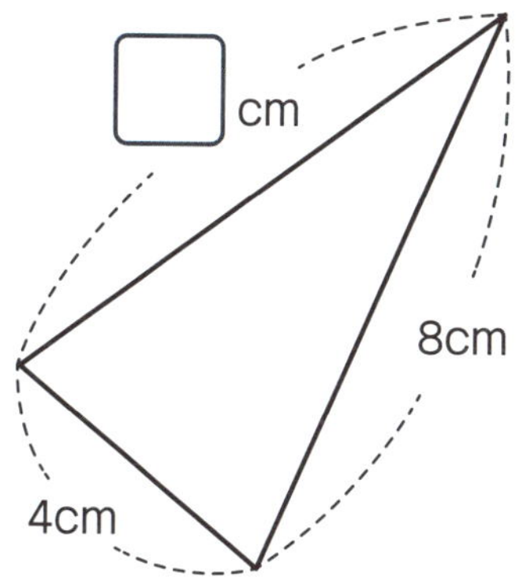

16.

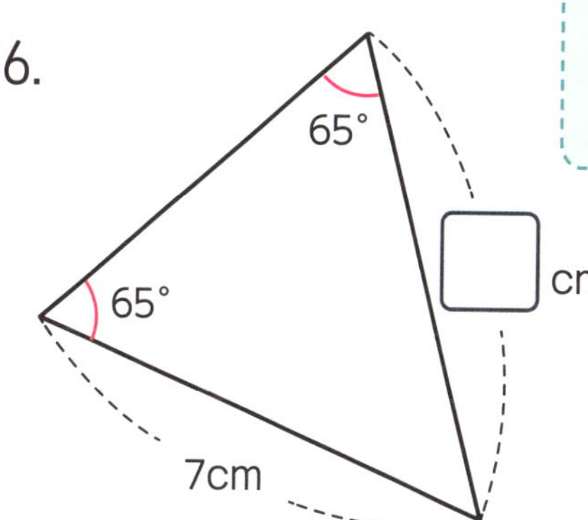

17.

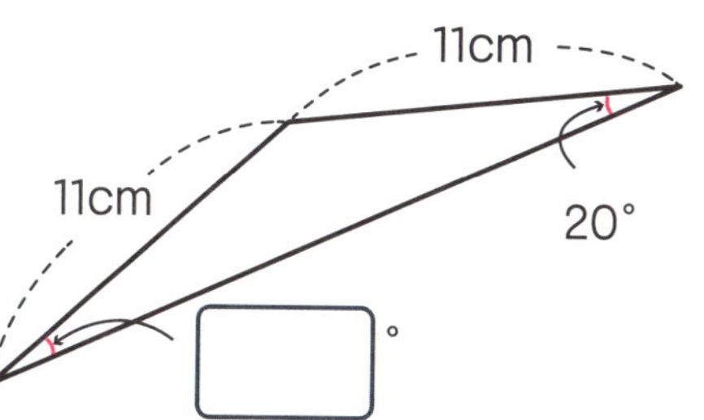

18.

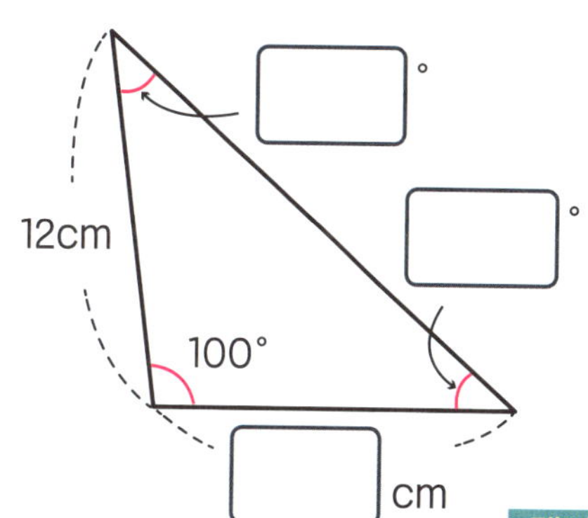

정삼각형입니다. ☐ 안에 알맞은 수를 써넣으세요.

19.

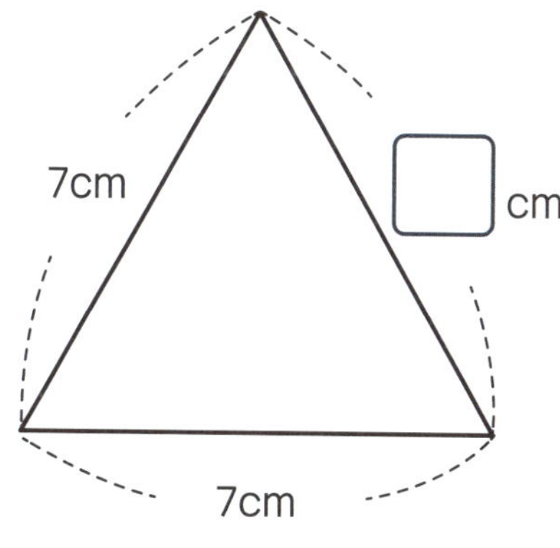

20.

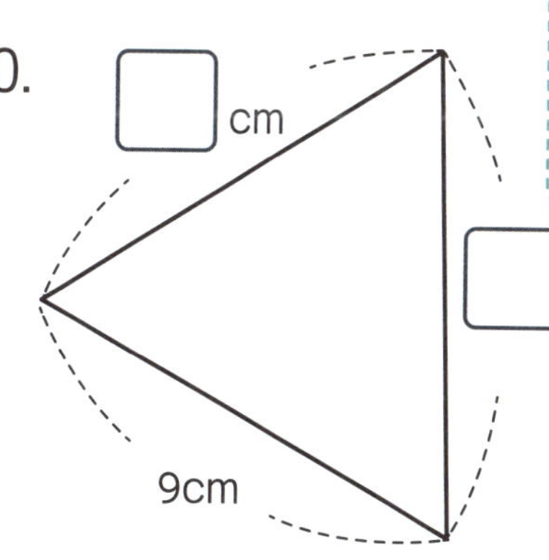

21.

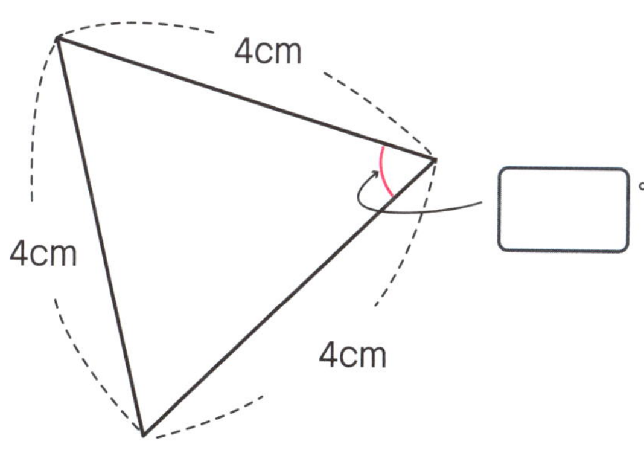

22.

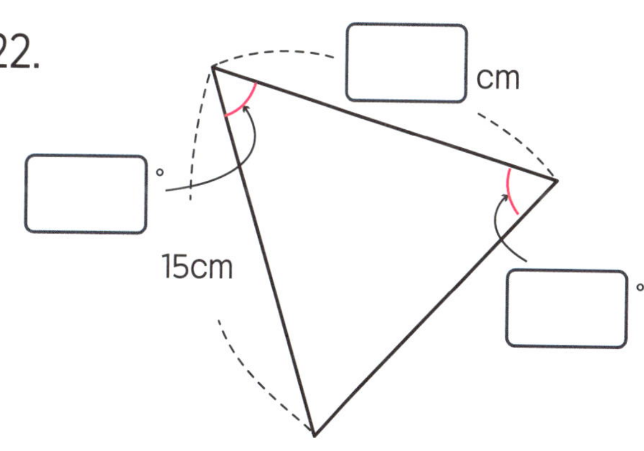

평행사변형입니다. ☐ 안에 알맞은 수를 써넣으세요.

23. 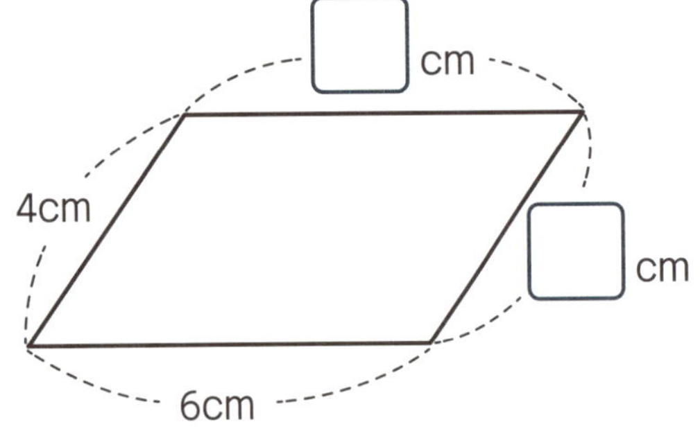

24. 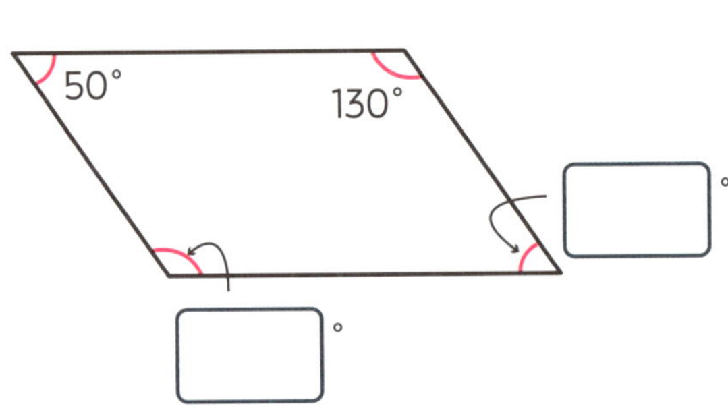

25. 사각형 ㄱㄴㄷㄹ은 평행사변형입니다. 네 변의 길이의 합은 몇 cm인가요?

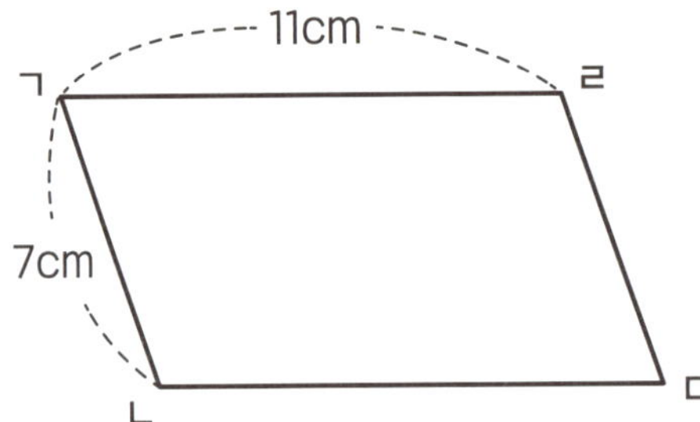

마름모입니다. ☐ 안에 알맞은 수를 써넣으세요.

26. 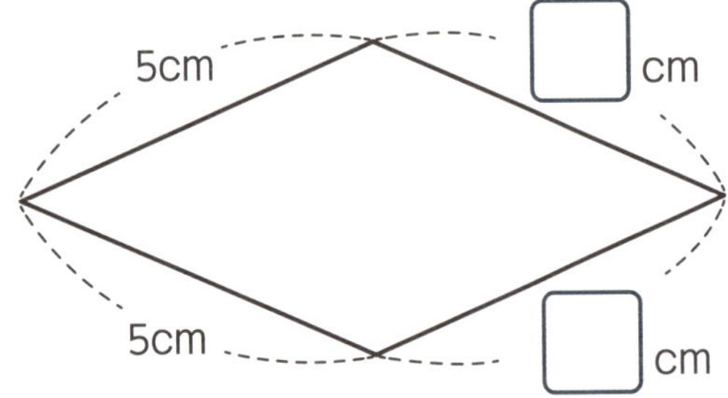

27. 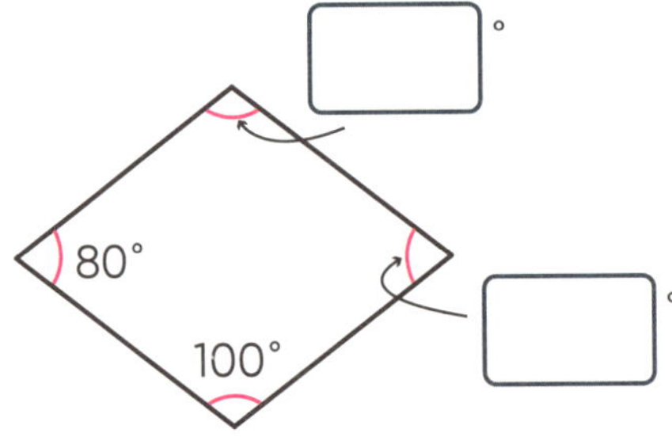

28. 사각형 ㄱㄴㄷㄹ은 마름모입니다. 네 변의 길이의 합은 몇 cm인가요?

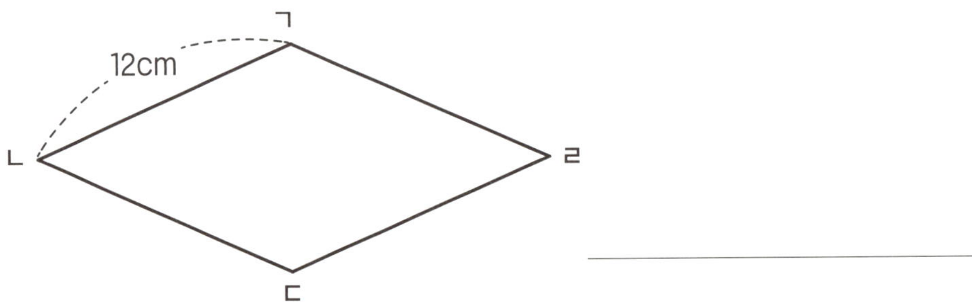

 도형에서 찾을 수 있는 크고 작은 삼각형은 모두 몇 개인지 구해 보세요.

29.

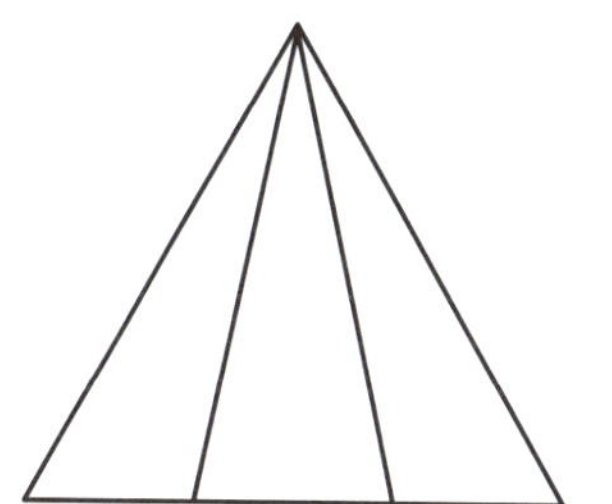

30.

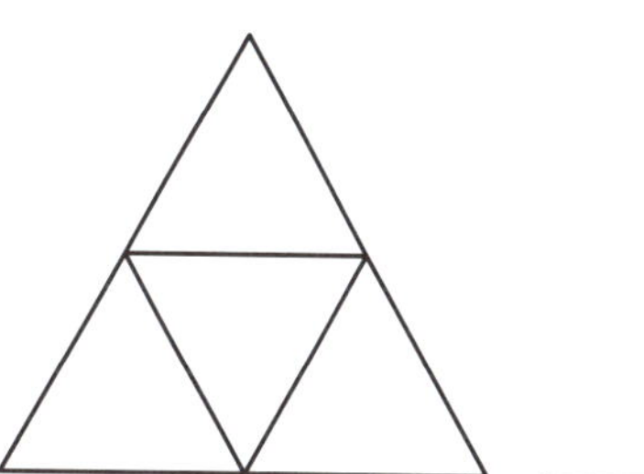

 도형에서 찾을 수 있는 크고 작은 사각형은 모두 몇 개인지 구해 보세요.

31.

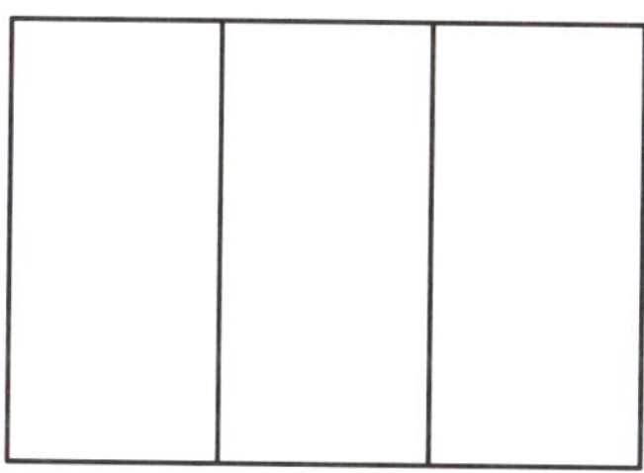

32.

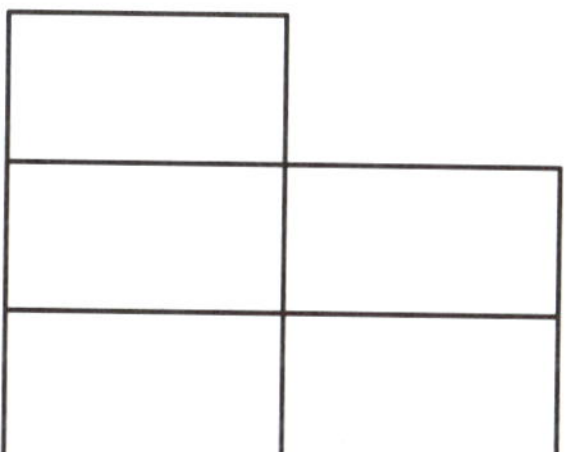

 직사각형과 평행사변형의 넓이는 몇 cm²인지 구해 보세요.

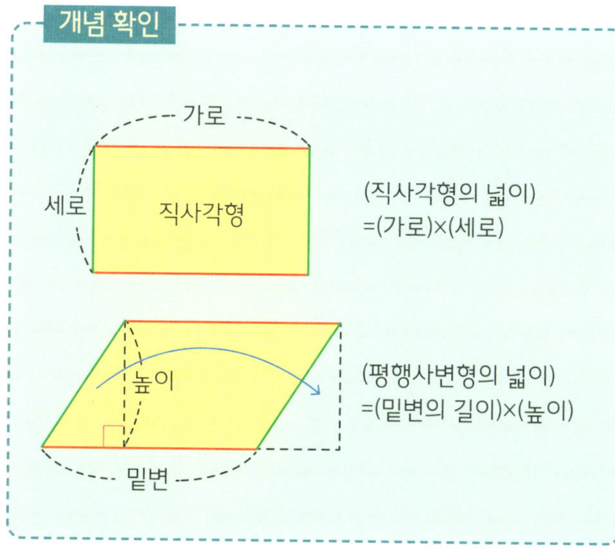

33.

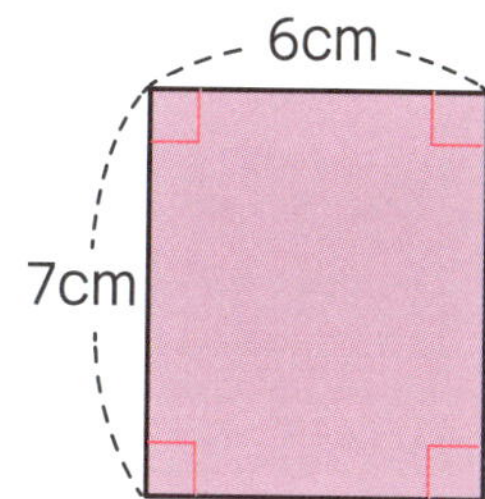

34.

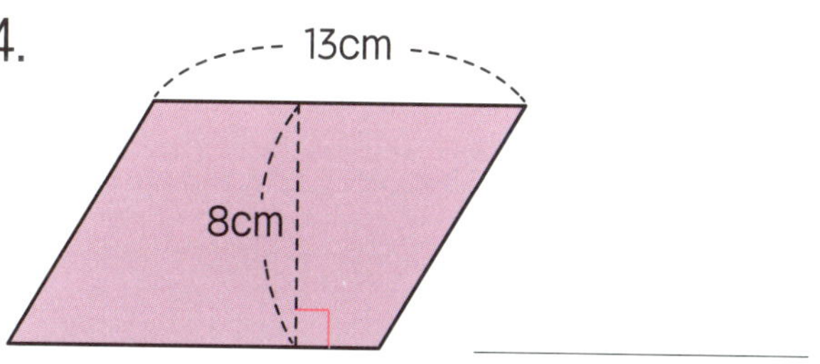

65 + 25

더 풀어 보기

 삼각형의 넓이는 몇 cm²인지 구해 보세요.

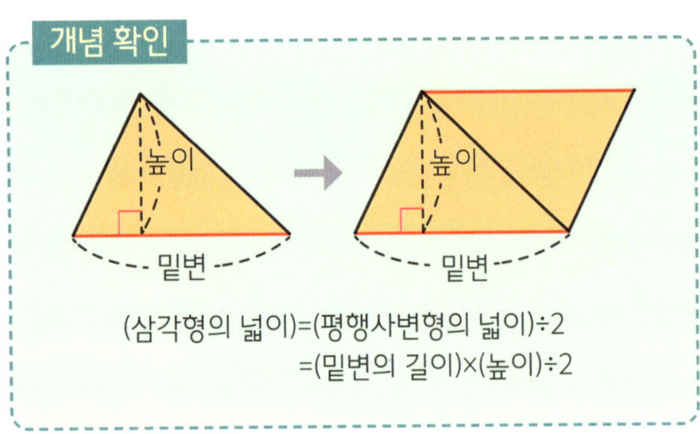

35.

36.
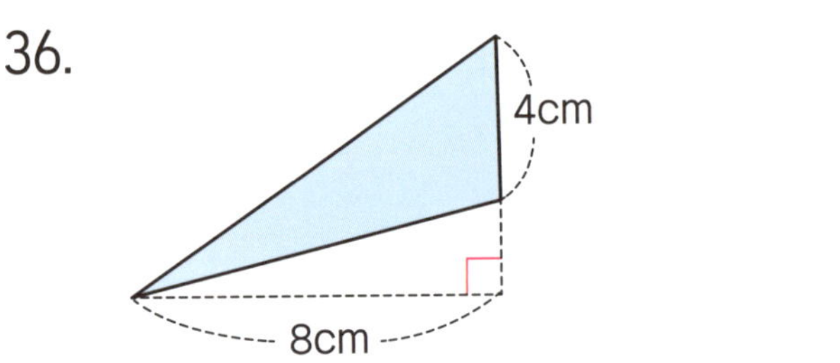

37.
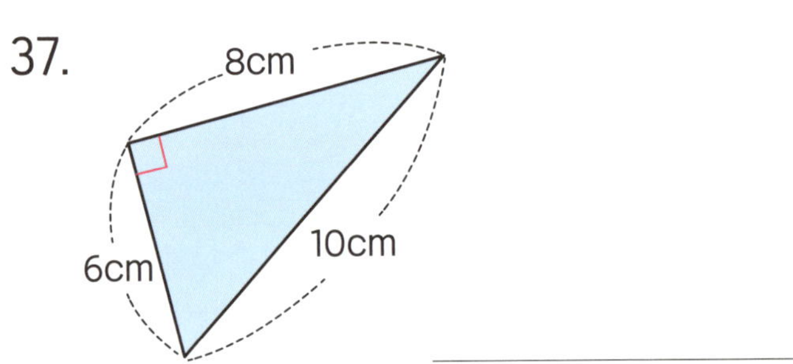

 마름모의 넓이는 몇 cm²인지 구해 보세요.

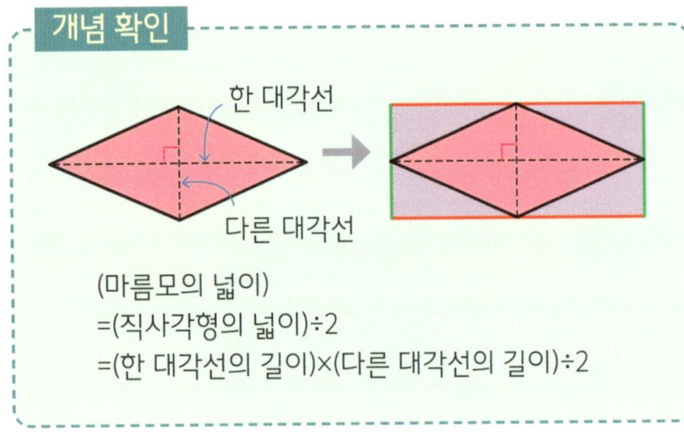

38.
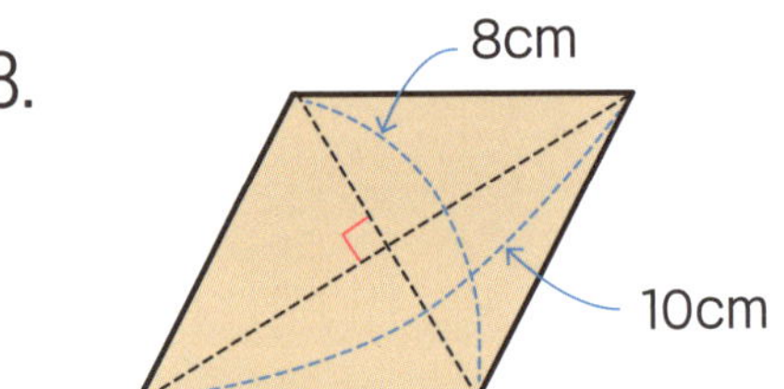

39.
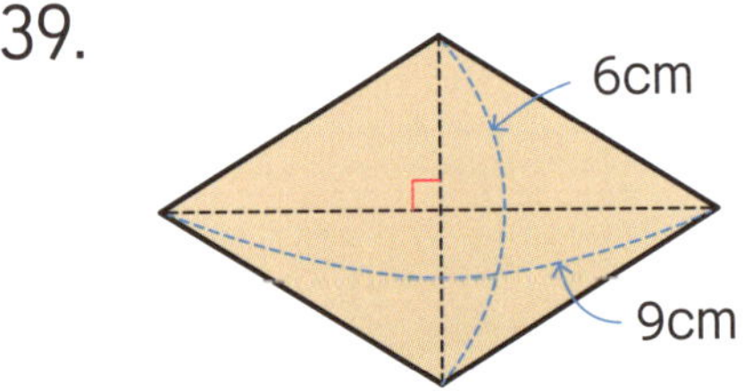

40.
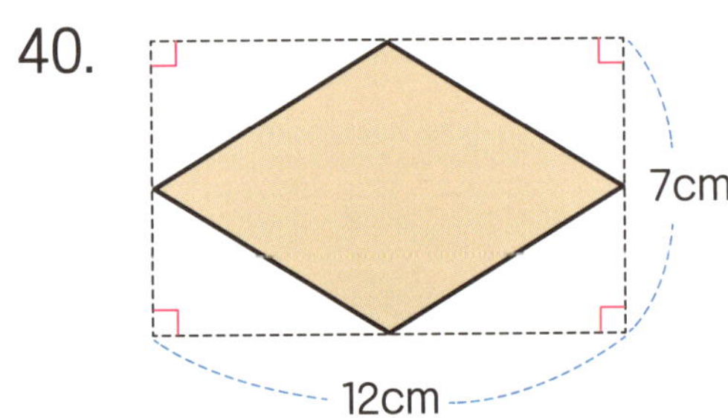

 색칠한 부분의 넓이는 몇 cm²인지 구해 보세요.

41.

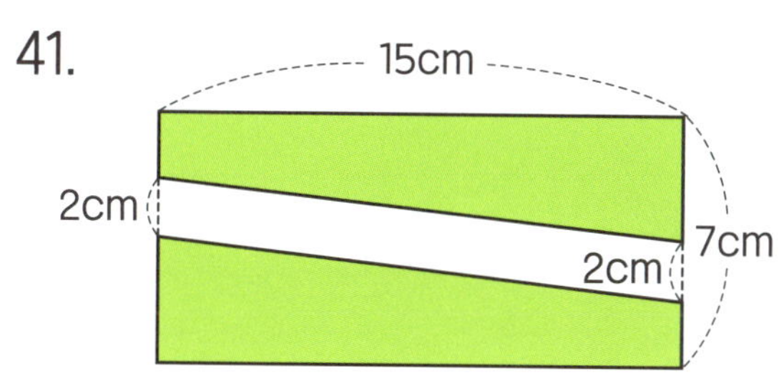

42.

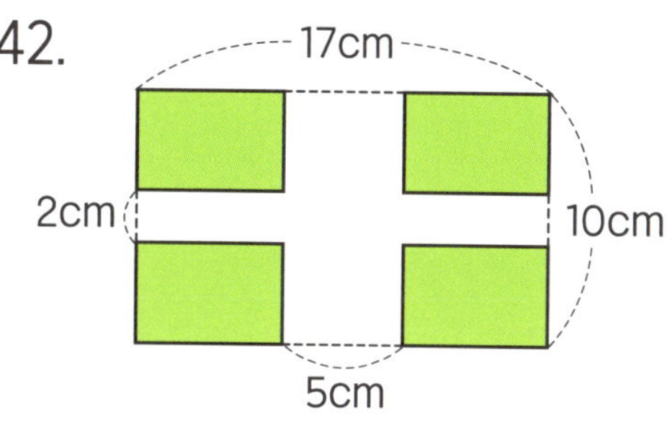

43. 부피가 1cm³인 쌓기나무로 직육면체를 만들었습니다.
☐ 안에 알맞은 수를 써넣으세요.

쌓기나무는 한 층에 4×3= ☐ 개씩 ☐ 층이므로
모두 ☐ 개입니다.
따라서 직육면체의 부피는 ☐ cm³입니다.

 직육면체의 부피는 몇 cm³인지 구해 보세요.

개념 확인

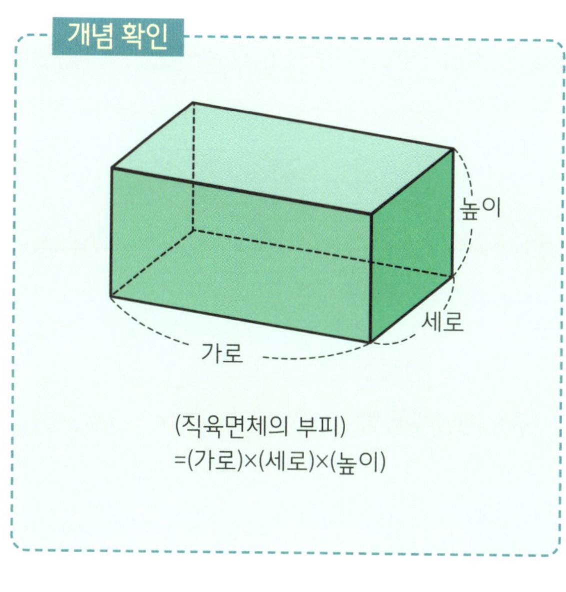

(직육면체의 부피)
=(가로)×(세로)×(높이)

44.

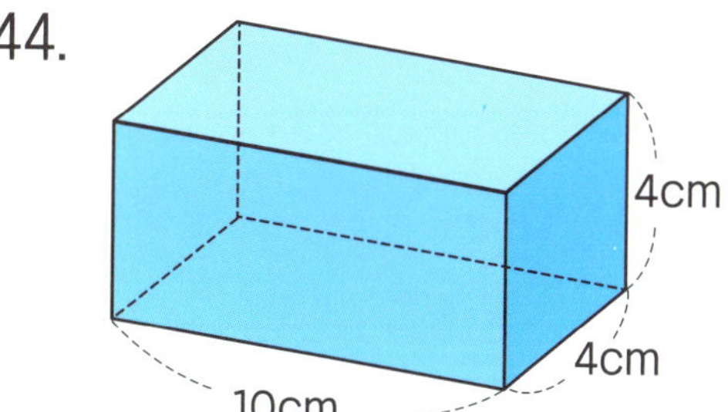

45.

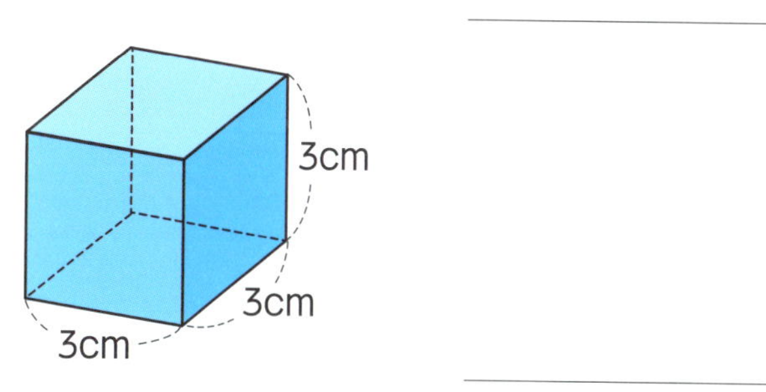

정답

10~11쪽

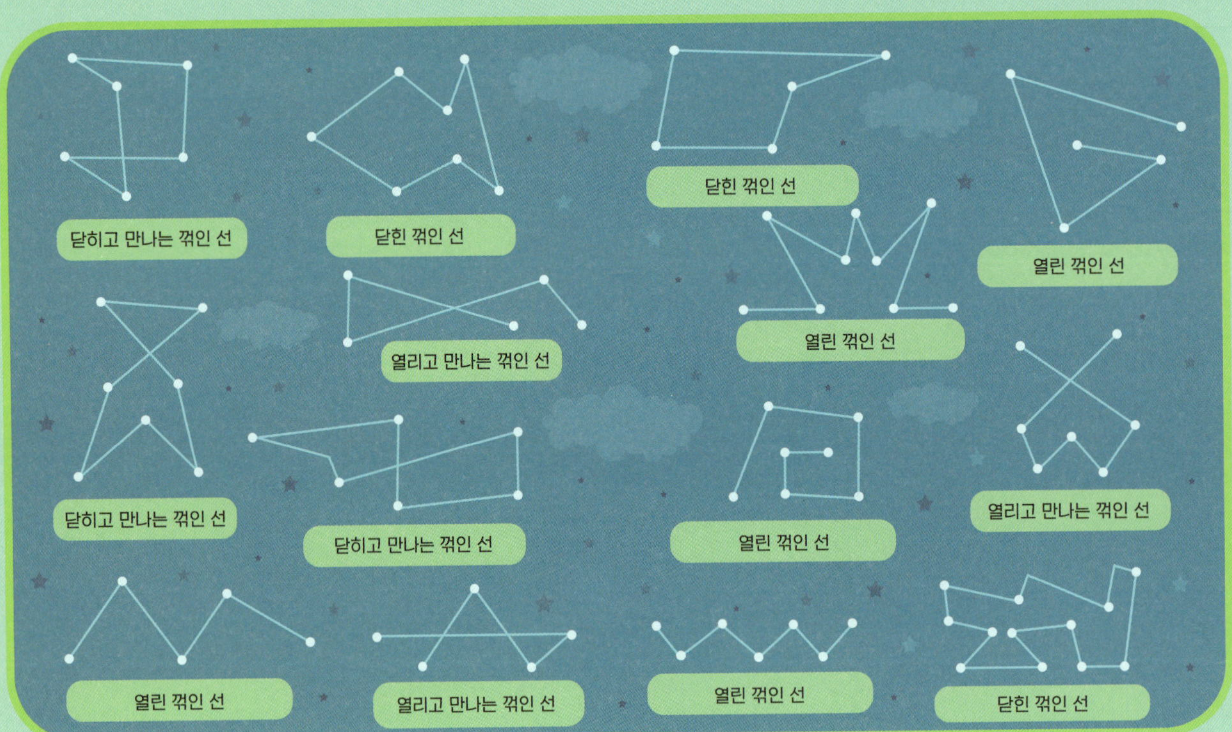

13쪽

15쪽

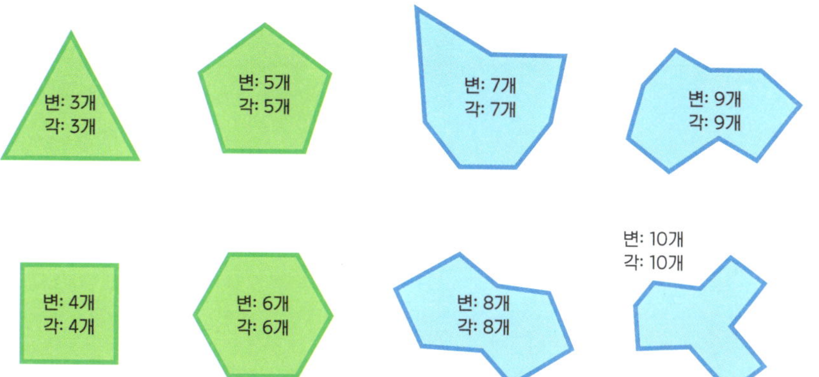

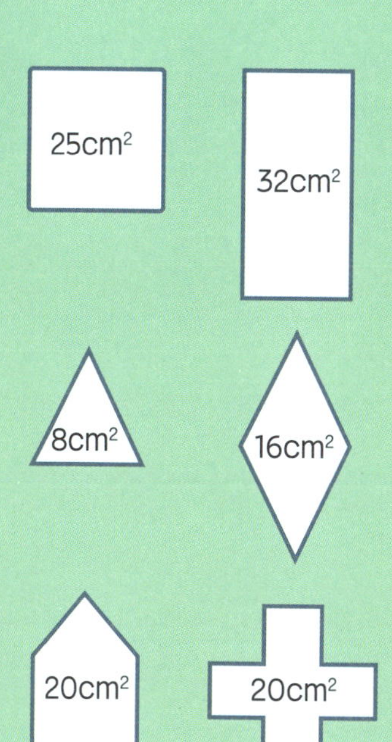

20~21쪽

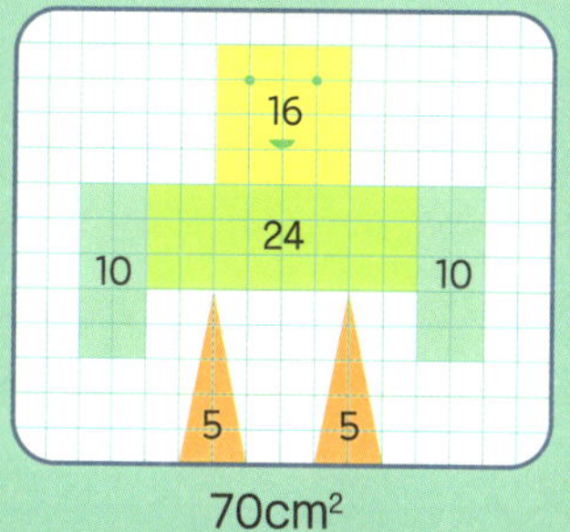

23쪽

정사면체
면의 수: 4, 꼭짓점의 수: 4, 모서리의 수: 6
→ 4+4-6=2

정팔면면체
면의 수: 8, 꼭짓점의 수: 6, 모서리의 수: 12
→ 8+6-12=2

정십이면체
면의 수: 12, 꼭짓점의 수: 20, 모서리의 수: 30
→ 12+20-30=2

정이십면체
면의 수: 20, 꼭짓점의 수: 12, 모서리의 수: 30
→ 20+12-30=2

(1) 정사각형 1개짜리 13개, 정사각형 4개짜리 4개, 정사각형 9개짜리 1개 → 18개
(2) 정사각형 1개짜리 16개, 정사각형 4개짜리 9개, 정사각형 9개짜리 4개, 정사각형 16개짜리 1개 → 30개
(3) 2번에서 찾은 정사각형 30개, 대각선으로 놓인 사각형에서 만들어지는 정사각형 21개 → 51개
(4) 가장 작은 정사각형 9개로 이루어진 사각형에서 14개, 중간 정사각형 9개로 이루어진 사각형에서 13개, 나머지 4개 → 31개
(5) 삼각형 1개짜리 12개, 삼각형 4개짜리 6개, 삼각형 9개짜리 2개 → 20개
(6) 삼각형 1개짜리 16개, 삼각형 4개짜리 7개, 삼각형 9개짜리 3개, 삼각형 16개짜리 1개 → 27개
(7) 삼각형 1개짜리 12개, 삼각형 2개짜리 3개, 삼각형 3개짜리 1개, 삼각형 4개짜리 3개, 삼각형 6개짜리 1개, 삼각형 12개짜리 1개 → 21개
(8) 삼각형 1개짜리 10개, 삼각형 2개짜리 10개, 삼각형 3개짜리 5개, 삼각형 2개+오각형 1개짜리 5개, 삼각형 4개+오각형 1개짜리 5개 → 35개

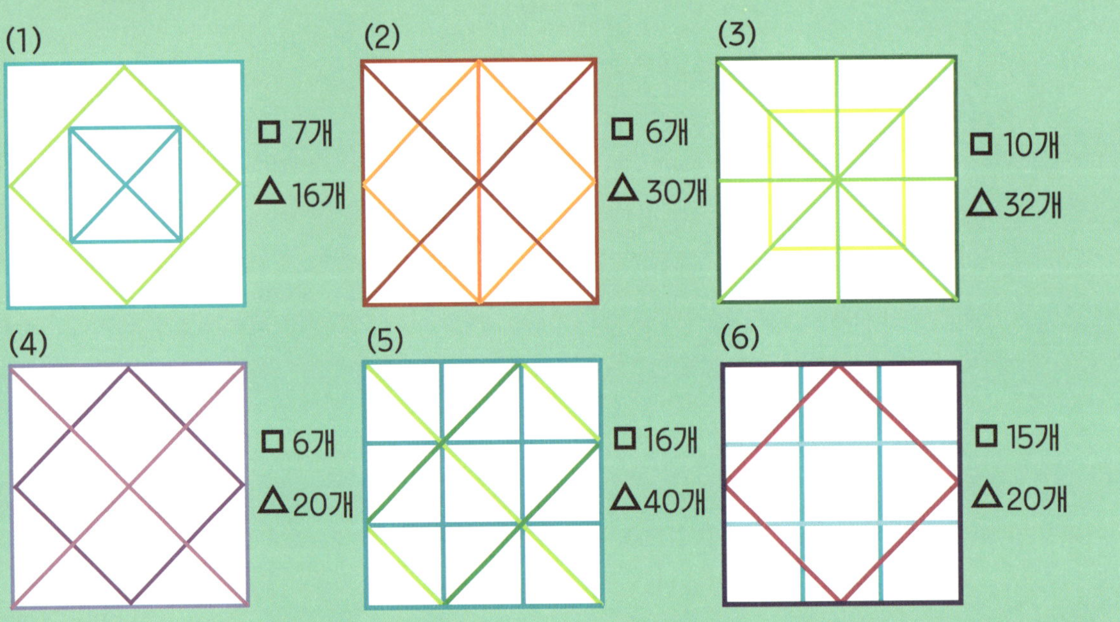

맞물린 톱니바퀴는 서로 반대 방향으로 돌고, 체인으로 묶인 톱니바퀴는 같은 방향으로 돕니다.

37쪽

물고기

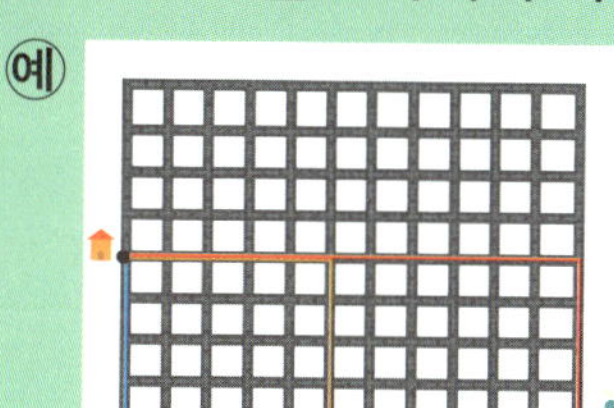

고래

새

38~39쪽

(1) 파란 길: 19개 / 노란 길: 23개 / 빨간 길: 21개
파란 길이 가장 짧습니다.

(2)
• 점 E에서 점 F까지의 가장 짧은 거리는 15개의 단위 선분입니다.
• 점 G에서 점 H까지의 가장 짧은 거리는 11개의 단위 선분입니다.

(예) 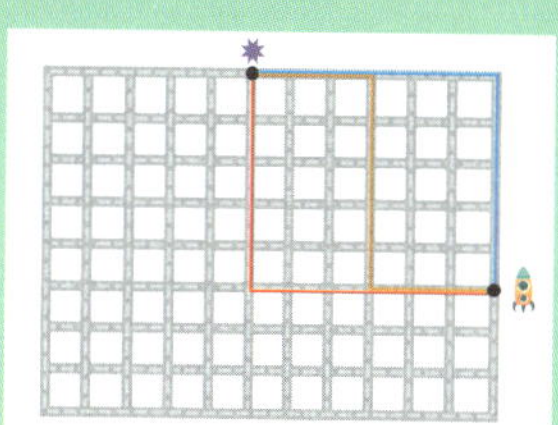

41쪽

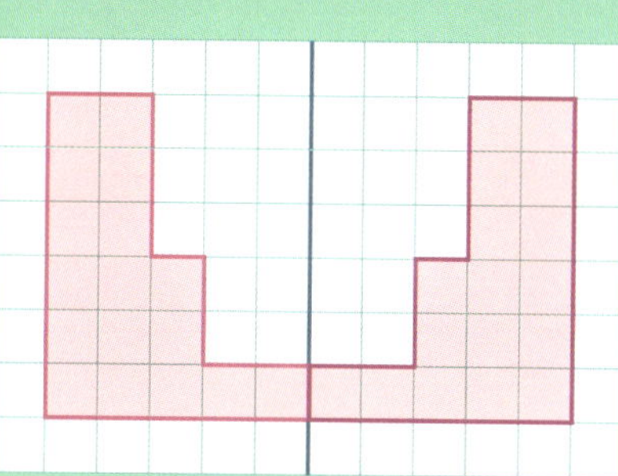 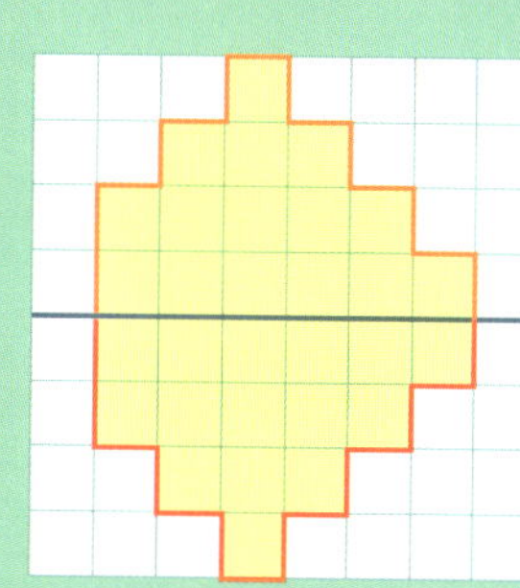

(예) 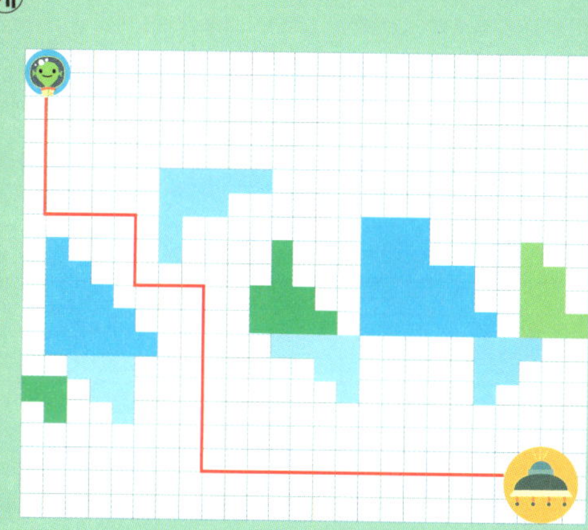

50~51쪽

(예)  (예)  (예) 

55쪽

(1) $\square$=16+9=25(cm²) / (2) $\square$=100−36=64(cm²) / (3) 5×5=25, $\square$=25+25=50(cm²)

더 풀어 보기 정답

56쪽

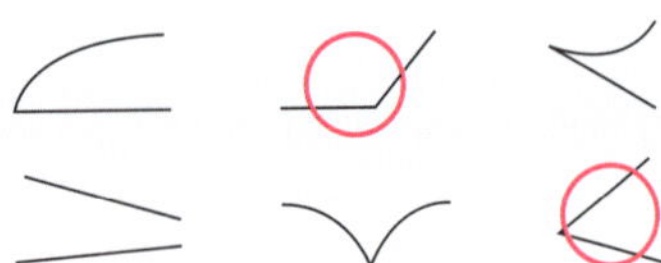

57쪽

5. 둔각
6. 예각
7. 직각
8. 60°
9. 30°
10. 125°
11. 60°

58쪽

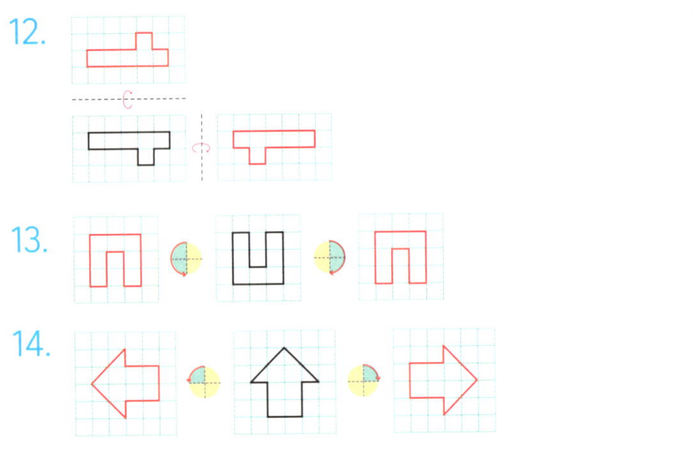

59쪽

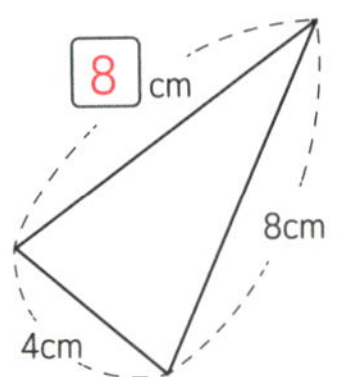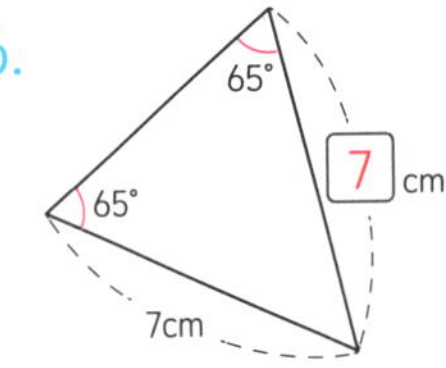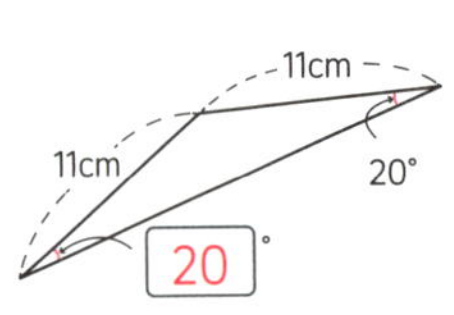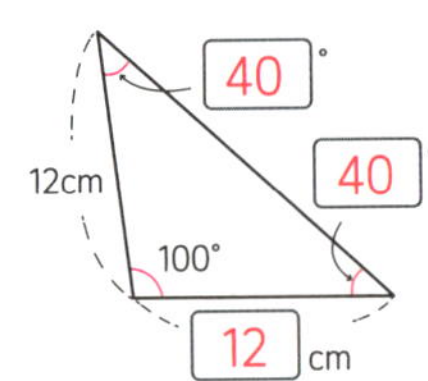

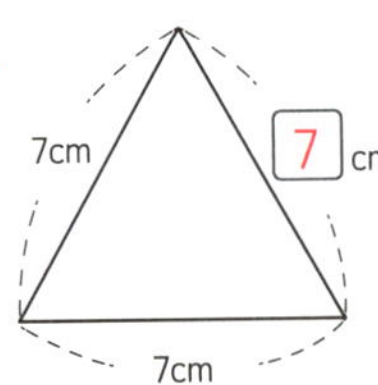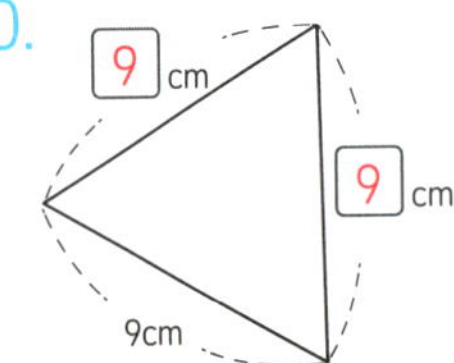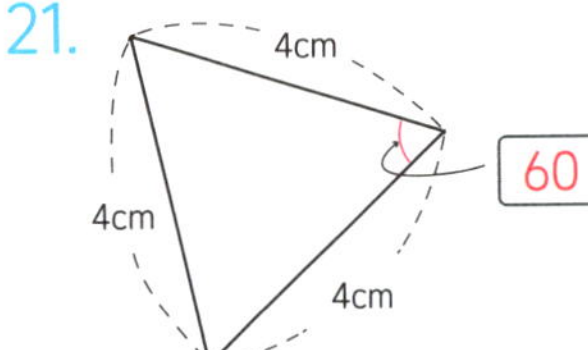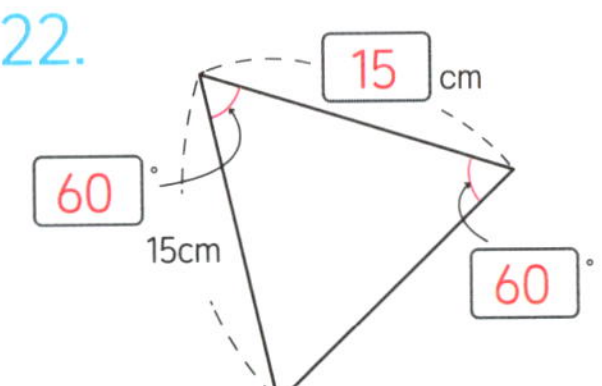

23. 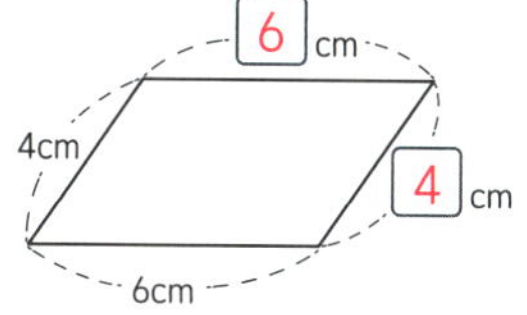

24. 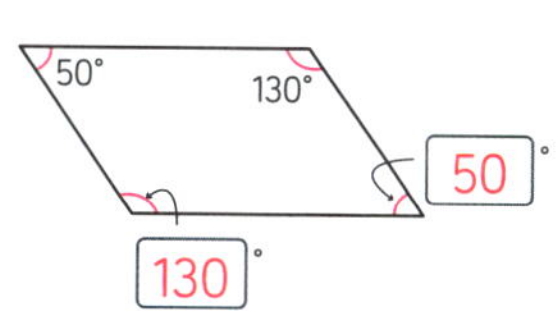

25. 36cm

26. 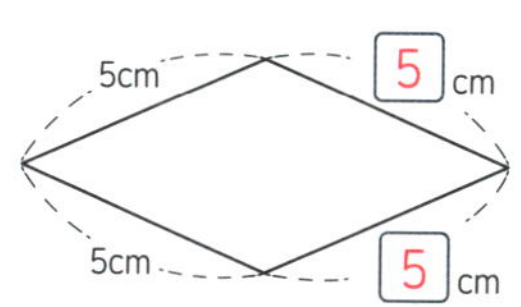

27. 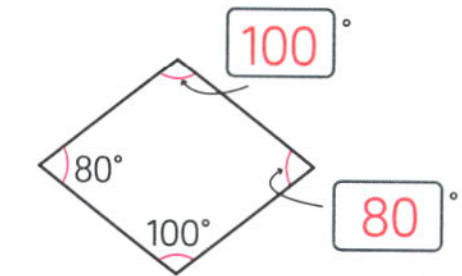

28. 48cm

61쪽

29. 6개 30. 5개 31. 6개 32. 12개 33. 42cm² 34. 104cm²

62쪽

35. 9cm² 36. 16cm² 37. 24cm² 38. 40cm² 39. 27cm² 40. 42cm²

63쪽

41. 75cm² 42. 96cm² 43. 12, 3, 36, 36 44. 160cm³ 45. 27cm³

수빠맨 과 함께하는 초등 수학 학습 로드맵

쉽고 재미있게 초등 수학 전 과정을 배워 보세요.

초등 수학 교육 과정

수와 연산	도형과 측정
변화와 관계	자료와 가능성

영역	권	권 제목	세부 영역	학습 주제	권장 학년	학습 내용
수와 연산 기본	1	숫자 영웅들의 수학 모험	수와 연산	· 수 · 도형 기초	1학년	· 0에서 9까지 수 익히기 · 여러 가지 선 알기 · 평면도형 개념 알기 · 도형의 안과 밖 깨치기
	2	덧셈 뺄셈 몬스터 왕국	수와 연산	· 덧셈과 뺄셈 기초	1학년	· 두 자리 수 익히기 · 모양과 크기가 같은 도형 찾기 · 덧셈식과 뺄셈식의 기초
	3	나무마니 마을의 더하기 빼기	수와 연산	· 덧셈과 뺄셈 심화	1학년	· 세 수의 덧셈식과 뺄셈식 · 100까지 수 익히기 · 좌표 읽기 기초 · 묶어 세기
	4	곱셈구구 나라의 비밀	수와 연산	· 곱셈과 나눗셈 기초	2학년	· 곱셈구구 · 곱셈식과 나눗셈식 · 복잡한 계산식 쉽게 풀기
	5	사칙연산 바다를 지켜라	수와 연산	· 사칙연산 기초	2학년	· 연산 규칙 찾기 · 여러 가지 방법으로 복합 사칙연산 하기 · 덧셈과 뺄셈의 관계를 식으로 나타내기
	6	곱셈 공장 수리 작전	수와 연산	· 사칙연산 심화	2학년 ~ 4학년	· 곱셈·나눗셈 세로식 풀이 · 곱셈의 교환법칙과 결합법칙 · 약수와 배수 · 나눗셈의 몫을 곱셈식으로 구하기

영역	권	권 제목	세부 영역	학습 주제	권장 학년	학습 내용
수와 연산 심화	7	곱셈 나눗셈으로 요리를 뚝딱	수와 연산	·곱셈과 나눗셈 심화 ·분수 기초	3학년 ~ 5학년	· (몇십)×(몇)을 구하기 · (몇십)÷(몇)을 구하기 · 똑같이 나누기 · 분수로 나타내기 · 단위분수 개념
	8	분수 도둑을 잡아라	수와 연산	·분수	3학년 ~ 5학년	· 분자와 분모 · 크기가 같은 분수 만들기 · 분수 크기 비교 · 분수 계산
	9	소수 해적단의 바다 탐험	수와 연산	·소수 ·백분율	3학년 ~ 6학년	· 소수 개념 · 소수 크기 비교 · 소수 계산 · 백분율 개념과 분수를 백분율로 치환하기
	10	수학 마법의 성에서 규칙 찾기	수와 연산	·사고력 연산	2학년 ~ 5학년	· 수 배열 규칙 찾기 · 읽고 이해해서 푸는 문해력 연산 · 연산식으로 암호 풀기 · 연산 미로

영역	권	권 제목	세부 영역	학습 주제	권장 학년	학습 내용
도형과 측정, 변화와 관계, 자료와 가능성	11	공룡을 재는 여러 단위	측정	·길이 ·들이 ·무게 ·시간	2학년 ~ 3학년	· 길이, 넓이, 무게, 들이의 단위 · 기호를 숫자로 나타내기 · 시간과 시계 읽는 법 · 섭씨 온도와 화씨 온도
	12	규칙 유령이 사는 집	변화와 관계	·규칙과 추론	2학년 ~ 4학년	· 수 배열 규칙 추론 · 계산식에서 규칙 추론 · 무늬에서 규칙 추론 · 도형의 배열에서 규칙 추론
	13	도형과 함께 우주 탐험	도형	·도형 ·공간	3학년 ~ 6학년	· 선의 종류(선분과 직선) · 각과 직각 · 평면도형 · 정다면체 · 대칭이동과 회전이동, 평행이동
	14	숫자와 그래프로 마을을 구하라	자료와 가능성	·그래프 ·집합	3학년 ~ 6학년	· 표와 그래프 읽기 · 자료 조사와 표, 그래프로 나타내기 · 벤 다이어그램과 집합 · 비례식

글 | 마티아 크리벨리니

볼로냐 대학교에서 컴퓨터 과학 학위를 취득했으며 미국 인디애나 대학교에서 인지 과학을 전공했습니다. 2011년부터 이탈리아 세니갈리아에서 열리는 과학 축제 포스포로의 디렉터를 맡고 있습니다. 또한 NEXT 문화 협회를 통해 이탈리아와 해외에서 과학의 소통과 보급을 위한 활동을 조직하고 계획하는 데 큰 역할을 하고 있습니다.

기획 | 발레리아 바라티니

베니스의 카 포스카리 대학에서 예술 및 문화 활동의 경제학 및 관리 석사 학위를 취득했으며 로마 트레 대학에서 박물관 교육 표준 석사 학위를 취득했습니다. 교육 및 문화 기획 분야에서 일하고 있으며, 2015년부터 포스포로와 협력하여 과학 보급 및 비공식 교육과 관련된 이벤트 및 활동을 조직해 왔습니다.

그림 | 아그네세 바루치

ISIA(최고예술산업연구소)에서 그래픽을 공부했습니다. 2001년부터 일러스트레이터이자 작가로 활동하고 있으며 청소년을 위한 책들을 출판했습니다.

감수 | 송용진

한국을 대표하는 위상수학자입니다. 서울대학교 수학과를 졸업하고 미국 오하이오주립대에서 박사학위를 받았습니다. 오랫동안 영재교육과 수학올림피아드에 대한 일을 해 왔으며 지금은 국제 수학올림피아드 선출직 위원(IMO Board Member)으로 활동하고 있습니다. 쓴 책으로 《수학은 우주로 흐른다》, 《영재의 법칙》, 《수학자가 들려주는 진짜 논리 이야기》 등이 있습니다.

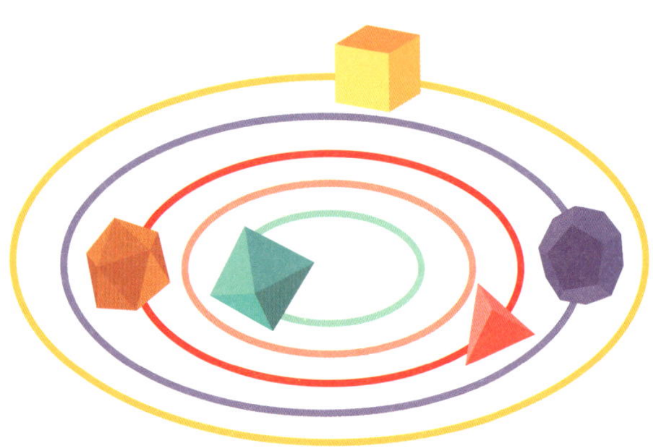

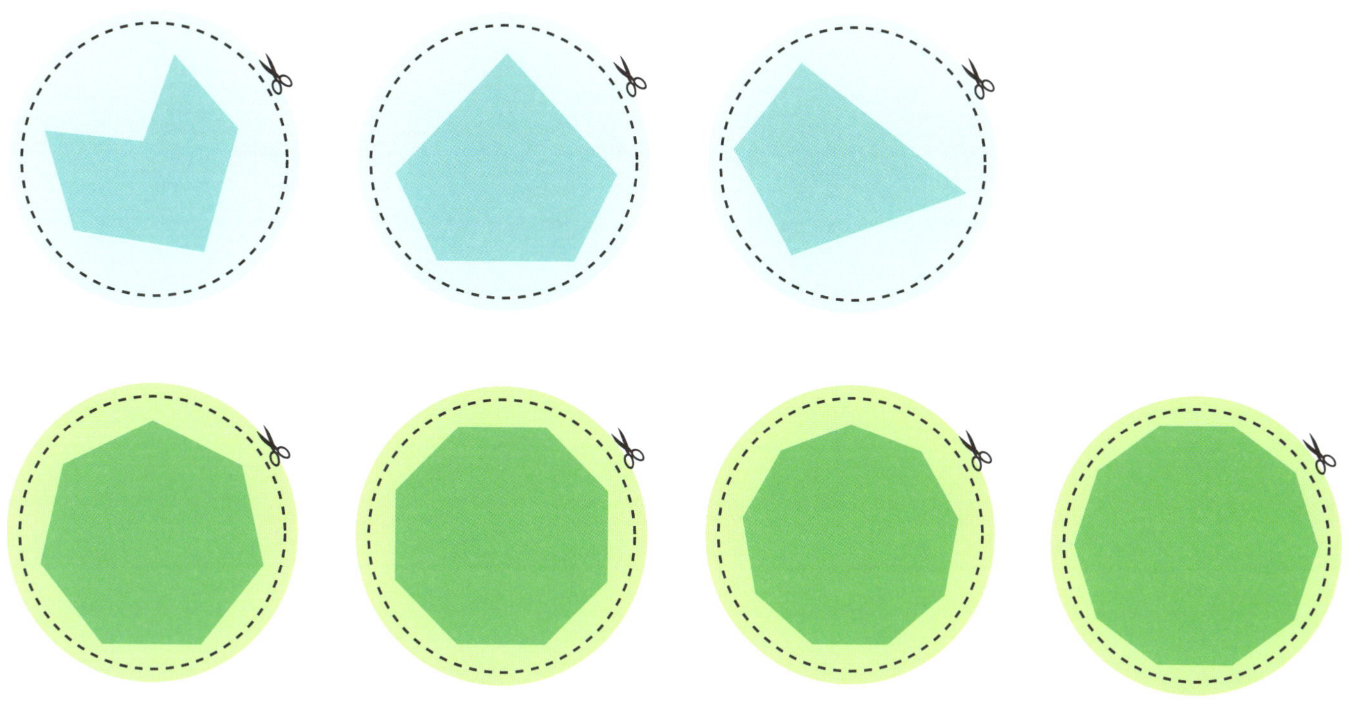

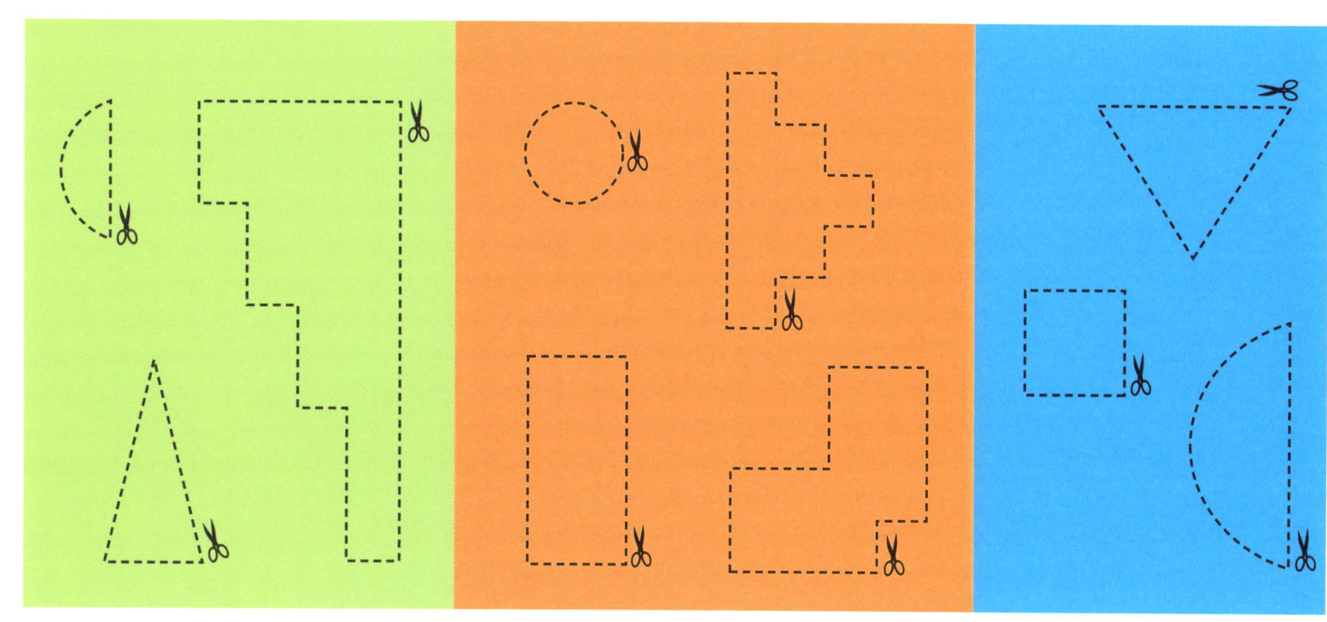

42~43쪽: 또 다른 도전

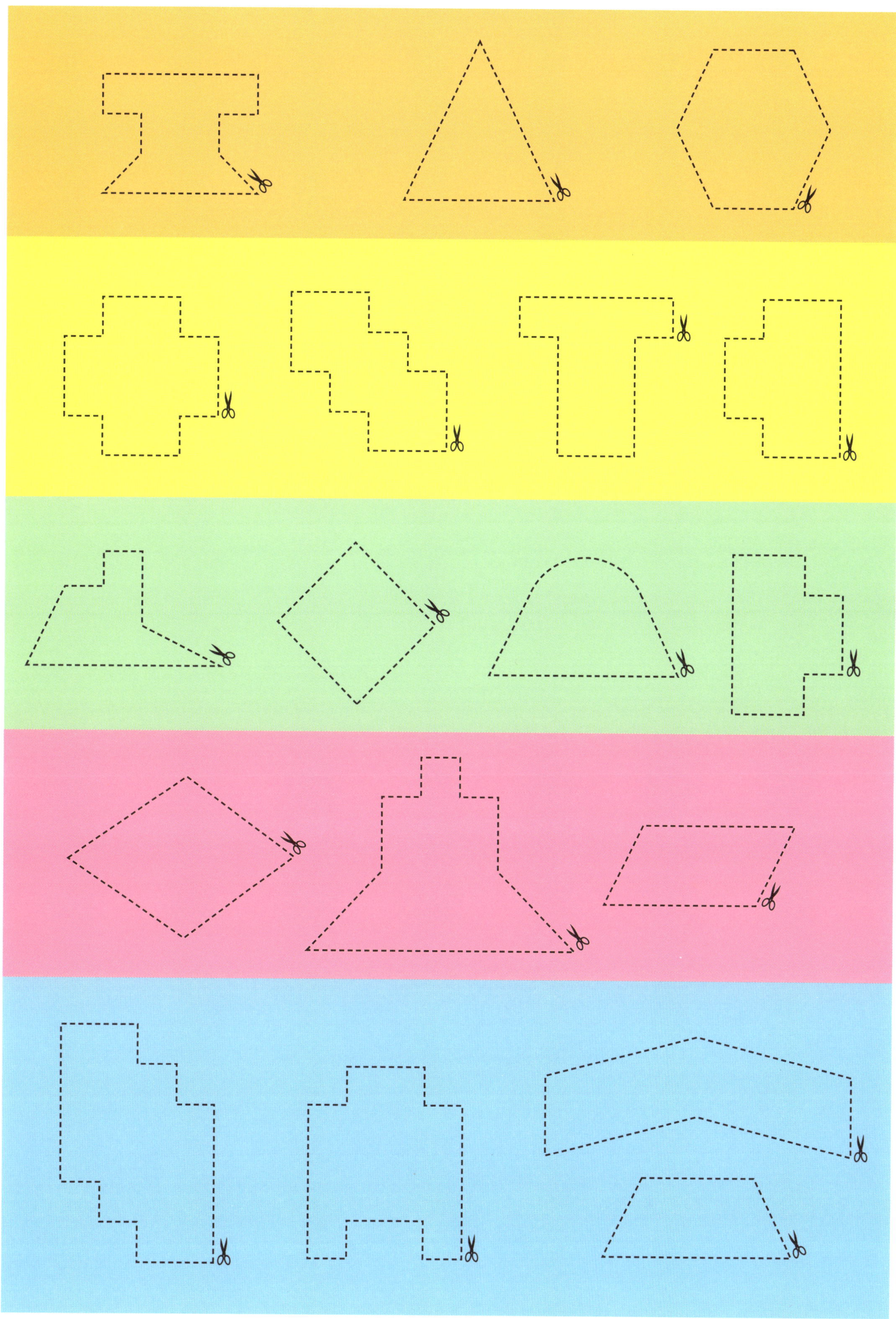

정다면체 이름표